通过炽热地心的窗口
认识火山

王子安◎主编

汕头大学出版社

图书在版编目（CIP）数据

通过炽热地心的窗口认识火山 / 王子安主编. -- 汕头 : 汕头大学出版社，2012.5（2024.1重印）
ISBN 978-7-5658-0819-7

Ⅰ. ①通… Ⅱ. ①王… Ⅲ. ①火山－普及读物 Ⅳ. ①P317-49

中国版本图书馆CIP数据核字(2012)第097946号

通过炽热地心的窗口认识火山

主　　编：王子安
责任编辑：胡开祥
责任技编：黄东生
封面设计：君阅天下
出版发行：汕头大学出版社
　　　　　广东省汕头市汕头大学内　邮编：515063
电　　话：0754-82904613
印　　刷：唐山楠萍印务有限公司
开　　本：710 mm×1000 mm　1/16
印　　张：12
字　　数：75千字
版　　次：2012年5月第1版
印　　次：2024年1月第2次印刷
定　　价：55.00元
ISBN 978-7-5658-0819-7

前　言

　　这是一部揭示奥秘、展现多彩世界的知识书籍，是一部面向广大青少年的科普读物。这里有几十亿年的生物奇观，有浩淼无垠的太空探索，有引人遐想的史前文明，有绚烂至极的鲜花王国，有动人心魄的考古发现，有令人难解的海底宝藏，有金戈铁马的兵家猎秘，有绚丽多彩的文化奇观，有源远流长的中医百科，有侏罗纪时代的霸者演变，有神秘莫测的天外来客，有千姿百态的动植物猎手，有关乎人生的健康秘籍等，涉足多个领域，勾勒出了趣味横生的"趣味百科"。当人类漫步在既充满生机活力又诡谲神秘的地球时，面对浩瀚的奇观，无穷的变化，惨烈的动荡，或惊诧，或敬畏，或高歌，或搏击，或求索……无数的探寻、奋斗、征战，带来了无数的胜利和失败。生与死，血与火，悲与欢的洗礼，启迪着人类的成长，壮美着人生的绚丽，更使人类艰难执着地走上了无穷无尽的生存、发展、探索之路。仰头苍天的无垠宇宙之谜，俯首脚下的神奇地球之谜，伴随周围的密集生物之谜，令年轻的人类迷茫、感叹、崇拜、思索，力图走出无为，揭示本原，找出那奥秘的钥匙，打开那万象之谜。

　　火山是地下深处的高温岩浆及其有关的气体、碎屑从地壳中喷出而形成的、具有特殊形态的地质结构。火山爆发是一种很严重的自然灾害，它常常伴有地震。因此火山喷发会对人类造成危害，但同时它也带来一些好处。例如：可以促进宝石的形成；扩大陆地的面积（夏威夷群岛就是由火山喷发而形成的）；作为观光旅游考察景点，推动旅游业，如日本的富士山。

《通过炽热地心的窗口认识火山》一书第一章通过对火山的基本概述，介绍了火山的形成、分类等方面的内容；第二章就火山的分布作了介绍，重要叙述了海底火山和宇宙火山的分布情况；第三章主要撷取了世界知名火山的代表作介绍，包括富士山、拉基火山和马荣火山等；最后一章就火山的基本知识作了深入浅出的盘点和介绍。

本书具有很强的知识性、趣味性、可读性，是自然探索爱好者所喜爱的读物。此外，本书为了迎合广大青少年读者的阅读兴趣，还配有相应的图文解说与介绍，再加上简约、独具一格的版式设计，以及多元素色彩的内容编排，使本书的内容更加生动化、更有吸引力，使本来生趣盎然的知识内容变得更加新鲜亮丽，从而提高了读者在阅读时的感官效果。

由于时间仓促，水平有限，错误和疏漏之处在所难免，敬请读者提出宝贵意见。

2012年5月

目 录

第一章　火山概述

第二章　火山分布

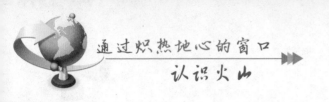

通过炽热地心的窗口
认识火山

第三章　火山聚焦

第四章　火山知识盘点

第一章　火山概述

火山是地下深处的高温岩浆及其有关的气体、碎屑从地壳中喷出而形成的具有特殊形态的地质结构。火山主要分为死火山和活火山，另外还有一种泥火山，它在科学上严格来说不属于火山，但是许多社会大众也把它看作是火山的一种类型。火山爆发是一种很严重的自然灾害，它常常伴有地震。那么火山是怎么形成的呢？很多科学家现在同意一种说法，那就是陆地边缘的火山带，主要是因地壳的板块移动而造成的。火山喷发会对人类造成危害，但同时它也会带来许多好处。比如说许多宝石就是由于火山喷发而形成的；火山喷发也能扩大陆地的面积，夏威夷群岛就是由火山喷发而形成的；某些火山还能变为风景区，推动旅游业，如日本的富士山。本章将为大家讲述火山的形成原因、分类、火山喷发的过程。希望通过这一章，大家对火山会有一个初步的了解。

火山简述

火山作为炽热地心的窗口，是地球上最具爆发性的力量。在许多书籍中，对火山喷发的情形都做了很详细的描述。例如在《黑龙江外传》中记述了黑龙江五大连池火山群中两座火山喷发的情况："墨尔根（今嫩江）东南，一日地中出火，石块飞腾，声振四野，越数日火熄，其地遂成池沼此康熙五十八年事。"

就世界范围而言，火山主要集中在环太平洋一带和印度尼西亚向北经缅甸、喜马拉雅山脉、中亚、西亚到地中海一带，现今地球上的活火山99%都分布在这两个带上。在地球上已知的"死火山"约有2000座；已发现的"活火山"共有523座，其中陆地上有455座，海底火山有68座。火山在地球上

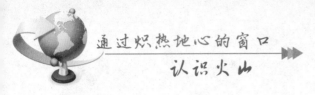

分布是不均匀的，它们都出现在地壳中的断裂带。

火山活动能喷出多种物质，一般有固体物质、液体物质、气体物质和一些不可见的放射性物质。在喷出的固体物质中，有被爆破碎了的岩块、碎屑和火山灰等；在喷出的液体物质中，一般有熔岩流、水、各种水溶液以及水、碎屑物和火山灰混合的泥流等；喷出的气体物质中，一般有水蒸汽和碳、氢、氮、氟、硫等的氧化物。除此之外，在火山活动中，还常喷射出可见或不可见的光、电、磁、声和放射性物质等，这些物质有时能致人于死地，或使电、仪表等失灵，使飞机、轮船等失事。

火山喷发的强弱与熔岩性质有关，喷发时间也有长有短，短的几小时，长的可达上千年。按火山活动情况可将火山分为三类：活火山、死火山和休眠火山。有些火山在人类有史以前就喷发过，但现在已不再活动，这样的火山称之为"死火山"；不过也有的"死火山"随着地壳的变动会突然喷发，人们称之为"休眠火山"；人类有史以来，时有喷发的火山，称为"活火山"。其中休眠火山是指有

人类历史的记载中曾有过喷发，但后来一直未见其活动的火山，世界上大约有 500 座活火山。

火山喷发可在短期内给人类的生命财产造成巨大的损失，它是一种灾难性的自然现象。然而，火山喷发后也能提供丰富的土地、热能和许多种矿产资源，还能提供旅游资源。

火山的形成

地壳之下 100 至 150 千米处，有一个"液态区"，其区内存在着高温、高压下含气体挥发成分的熔融状硅酸盐物质，即岩浆。它一旦从地壳薄弱的地段冲出地表，就形成了火山。当岩石熔化时膨胀，需要更大的空间。世界的某些地区，山脉在隆起，这些正在上升的山脉下面的压力在变小，这些山脉下面可能形成一个熔岩（也叫"岩浆"）库。

温度和压力开始下降，发生了物理和化学变化，岩浆就变成了火山岩。

火山的形成涉及一系列物理化学过程。地壳上地幔岩石在一定温度压力条件下产生部分熔融并与母岩分离，熔融体通过孔隙或裂隙向上运移，并在一定部位逐渐富集而形成岩浆囊。随着岩浆的不断补给，岩浆囊的岩浆过剩，压力逐渐增大。当表壳覆盖层的强度不足以阻止岩浆继续向上运动时，岩浆就会通过薄弱带向地表上升。在上升过程中溶解在岩浆中的挥发份逐渐溶出，形成气泡，当气泡占有的体积分数超过75%时，禁锢在液体中的气泡就会迅速释放出来，导致爆炸性喷发，气体释放后岩浆粘度降到很低，流动转变成湍流性质。如若岩浆粘滞性数较低或挥发份较少，便仅有宁静式溢流。从部分熔融到喷发一系列的物理化学过程的差别便形成了形形色色的火山活动。

这种物质沿着隆起造成的裂痕上升。熔岩库里的压力大于它上面的岩石顶盖的压力时，便向外迸发成为一座火山。喷发时，炽热的气体、液体或固体物质突然冒出。这些物质堆积在开口周围，形成一座锥形山头。"火山口"是火山锥顶部的洼陷，开口处通到地表。锥形山是火山形成的产物。火山喷出的物质主要是气体，但是像渣和灰的大量火山岩和固体物质也喷了出来。 实际上，火山岩是被火山喷发出来的岩浆，当岩浆上升到接近地表的高度时，它的

火山的分类

（1）根据火山活动情况划分

①活火山

活火山是指现在尚在活动或周期性发生喷发活动的火山。这类火山正处于活动的旺盛时期。如希腊的圣多里尼火山，本世纪以来，平均间隔两三年就要持续喷发一个时期，我国近期火山活动以台湾岛大屯火山群的主峰七星山最为有名。

根据哪些准则来判断一座火山

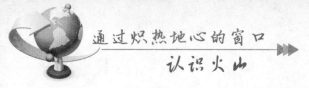
是死火山还是活火山，迄今并没有一种严格而科学的标准。经验上或传统上将有过历史喷发或有历史喷发记载的火山称为活火山，但这样的火山在全球有534座。但是历史或历史记录对每个国家和地区是很不相同的，有的只有三、四百年，有的则可达三、四千年或更长。在那些渺无人烟的偏远地区，即使是发生在近代的活火山喷发，也可能不为人所知或没有任何历史记录。例如我国靖宇以西40千米的金龙顶子火山，在距今约1600年前曾发生过一次爆炸式喷发，但迄今未发现有历史记载。显然，基于历史或历史记录的活火山的定义是很不完全和不符合实际的。于是一些火山学家根据对大量活火山喷发间隔期和熄灭的火山最后一次喷发时间的统计，提出一个有一定时间条件限制的、改进的活火山的定义，即那些在过去10000年、5000年或2000年来有过一次喷发的火山，称为活火山。究竟是采用10000年、5000年还是2000年，将允许根据不同国家、不同地区的具体情况而定。关于活

火山定义的改进，仍然允许有例外情况，并且要求对一个具体的活火山进行评价时，能够提供该火山地

下是否存在活动的岩浆系统的证据。

但是火山的"死"或"活"仍然是相对的。有一些在 10000 年甚

至更长时期以来没有发生过喷发的"死"火山，也可能由于深部构造或岩浆活动而导致重新复活而喷发。

例如我国五大连池火山群中，大部分火山是在 100000 年前喷发的，但是其中的老黑山火山和火烧山火山却是在公元 1719—1721 年喷发形成的。

于是，在火山下面，是否存在活动的岩浆系统，就成为判断一座火山是死火山还是活火山的关键。怎样才能知道火山下面是否存在活动的岩浆系统呢？一般可以根据以下现象作出初步判断：一是在活火山区存在水热活动或喷气现象；二是以火山为中心的小范围内，微震活动明显高于其外围地区；三是火山区出现某些可观测到的地表形变。上述现象都是由于火山下面岩浆系统发生具体活动情况而出现的，必须在该火山区布设长期地震-地形变观测台网，以及其他多种地球物理物理、地球化学方法进行探测。这是当该火山已被确认为危险的火山之后应当进行的基本监测和探测研究。

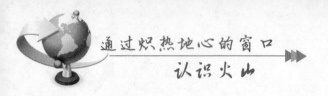
根据以上所述，我们可以得到关于活火山的一般概念：那就是正在喷发的或历史时期及近10000年来有过喷发的火山称为活火山。当火山下面存在活动的岩浆系统或岩浆房时，这个火山被认为具有喷发危险性，应置于现代的火山监测系统之中。

火山知识小百科

地球上最高的活火山——奥霍斯德尔萨拉多山

奥霍斯德尔萨拉多山是阿根廷北部安第斯山的最高峰之一。位于图库曼以西300千米、阿根廷与智利交界处。海拔6893米，是地球上最高的活火山。奥霍斯德尔萨拉多山靠近阿塔卡马沙漠，气候干燥，只有接近山巅处有积雪。但该火山东侧有一直径约100米的火山口湖，是世上海拔最高的湖泊。首次成功攀登该山峰顶的是波兰人扬·阿尔弗雷德·什切潘斯基和尤斯廷·沃伊什尼斯。根据史密森尼学会"全球火山作用计划"的资料，该山最近一次爆发约在1000至1500年前。

②死火山

死火山是指史前曾发生过喷发，但有史以来一直未活动过的火山。此类火山已丧失了活动能力。有的火山仍保持着完整的火山形态，有的则已遭受风化侵蚀，只剩下残缺不全的火山遗迹。我国山西大同火山群在方圆约50平方千米的范围内，分布着2个孤立的火山锥，其中狼窝山火山锥高将近120米。

科学家们认为，驱动死火山活动的能量深深地隐埋在地下65千米到80千米处，而目前世界上最深的钻井是80年代苏联打成的，深12千米。科学家现在还不可能将实验仪器置于理想的深处，去探测死火山之源。目前，研究死火山的主要方法有：采用轨道卫星、计算机和高度精密的仪器对死火山进行观测、收集并分析各种数据；在实验室对死火山口的岩石和进行分析或做模拟实验以推测火山爆发的机制。

根据火山喷发的物理化学条件的不同，死火山在形态上有多种不同的类型。

盾状死火山：盾状死火山是具有宽阔顶面和缓坡度侧翼（盾状）的大型火山。夏威夷岛（大岛）是典型的盾状火山。大岛是由5个连续年龄的火山连接而成。其中的冒纳罗亚火山是最大的，从海底到山顶有9090米。

死火山渣锥：火山渣锥是玄武

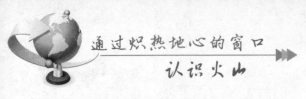

岩碎片堆积而成的山丘，喷出气体携带熔岩滴进入大气，然后在火山口附近降落，而形成火山锥。熔岩滴通常在飞行中间，降落地面之前已经是固态的或部分固态的，称之为火山弹。如果气体压力下降，最后阶段的可能是熔岩流冲出渣锥的底部，如果熔融岩浆中具有充裕的水，它们的相互作用将形成玛珥湖（低平火山口）而不是火山渣锥。喷发时间越长，火山锥越高。一些火山锥只有几米高，而一些如墨西哥的帕里库廷火山，从1943年到1952年连续喷发，火山锥高达610米，随着火山碎屑活动，熔岩流从其底部流出，摧毁了帕里库廷村。火山渣锥可以单独存在，也可以组成小的或大的群，或火山场。

复合型死火山：复合型死火山为多次喷发所建造，其复发周期可以是几十万年，也可以是几百年。形成复合型火山的最经常的的是安山岩，但也有例外。虽然安山岩复合型火山锥主要由火山碎屑组成，有些岩浆侵入使锥体内部破裂而形成岩墙或岩床。这样多次侵入形成的岩墙或岩床将碎石编织成巨大堆积。这样的构造可以比单独由碎屑物构成的火山锥高。由于其太高，有可能使其太陡、不稳定而在重力作用下垮塌。地球上10000年来已知1511火山喷发，其中699座为层状火山。地球上最高的火山为层状火山——智利的 Nevado Ojosdel Salado 火山高6887米。历史上喷发过的最高的火山为尤耶亚科火山，海拔 6739 米。二者都在北智利安第斯山脉。圣海仑斯火山为卡斯卡德最年轻的层状火山，同小时也最活动，地质学家识别出过去 3500 年 35 层喷发的火山灰。沙斯塔火山是卡斯卡德最大的层状火山。

熔岩穹丘：熔岩穹丘是高粘滞性、富硅岩浆缓慢挤出而形成的，大部分熔岩穹丘比较小，但可能超过 25 立方千米。穹丘挤出可以相当缓慢的熔岩运动而终结，也可能开始爆炸，扩展成为火山碎屑所覆盖的坑。

破火山口（Calderas）：破火山口是一种在火山顶部的较大的圆形拗陷，其直径往往大于 1 英里。通常是岩浆回撤、火山自身塌陷时形成，或浅部岩浆囊喷发而形成的。大量岩浆的撤退可能是由于其构造支撑的丧失而造成的。在西班牙语中 Caldera 意为罐或大锅，在金丝雀岛原来指锅底状的拗陷，而不管其成因。破火山口直径可达 8 ~ 16

千米，而火山口直径通常不超过1～1.6千米，主要是在火山喷发期间由于爆炸而挖掘出来的。

低平死火山口（玛珥湖）：低平死火山口是由岩浆和水相互作用发生爆炸而形成。在地表下形成了深切到围岩的圆形火山口，并被一个低矮的碎屑环包围。常常会积水而形成火山湖。其语源为拉丁文的mare，即"海"的意思，是德国莱茵地区的人们对湖泊、沼泽的称呼。1921年，德国科学家施泰宁格把mare定义为一种火山类型。玛珥是由岩浆水汽相互作用发生爆炸而形成的的。在地表下形成了深切到围岩的圆形火山口，并被一个低矮的碎屑环包围，由环形壁、火山口沉积物、火山筒和馈浆通道组成的系统。

泥火山：泥火山是泥浆与气体同时喷出地面后，堆积而成。其外型多为锥、小丘或者是盆穴状，丘的尖端部常有凹陷，并由此间断地喷出泥浆与气体。泥火山说是火山，却又不是通常意义上的火山。通常所说的火山最基本的特征是由岩浆形成的，并具有岩浆通道，而泥火山则是由泥浆形成的，不具有岩浆通道。不过，泥火山不仅形状像火山，具有喷出口，还有喷发冒火现象。

成沸腾的泥浆。它有粥锅和颜料锅两个变种，前者系侵蚀周围岩块的沸腾的泥浆盆地，后者系由围岩的矿物染成黄色、绿色或蓝色的沸腾的泥浆盆地。另一些完全非岩浆成因的泥火山，只出现于年代较新而又具有未固结的松软岩层的油田地

泥火山口通常很浅，可能间歇地喷泥。泥火山易受侵蚀，而喷出物不断重建其锥体。有些泥火山的形成与温泉有关，温泉的大量气体和少量的水与周围岩石发生化学反应形

区。在压力作用下，甲烷和其他碳氢化合物气体与泥浆混合，向上冲出地表形成锥形的泥火山。由于高压和混合物来自地下深处，泥浆通常很热，并可能伴有蒸气云。

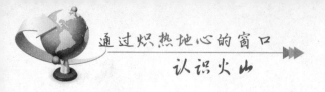

知识小百科

世界上最高的死火山

　　世界上最高的死火山是阿空加瓜山，位于阿根廷境内，海拔6959米，其被公认为西半球最高峰。"阿空加瓜"在瓦皮族语中是"巨人瞭望台"的意思。它地处阿根廷门多萨省西北端，临近智利边界，南纬32°39′，西经70°。山峰坐落在安第斯山脉北部，峰顶在阿根廷西北部门多萨省境，但其西翼延伸到了智利圣地亚哥以北海岸低地。阿空加瓜山由第三纪沉积岩层褶皱抬升而成，同时伴随着岩浆侵入和火山作用，主要由火山岩构成。峰顶较为平坦，堆积安山岩层，是一座死火山。东、南侧雪线高4500米，冰雪厚达90米左右，发育有现代冰川，其中菲茨杰拉德冰川长达11.2千米，终止于奥尔科内斯河，然后泻入门多萨河。山顶西侧因降水较少，没有终年积雪，山麓多温泉。附近著名的自然奇观印加桥为疗养和旅游胜地。起自阿根廷首都布宜诺斯艾利斯的铁路，穿越附近的乌斯帕亚塔山口，抵达智利首都圣地亚哥。1897年首次被登上。

　　沿途的第一处

重要历史遗迹就是卡诺塔纪念墙。当年何塞·德圣马丁就是从这里率领安第斯山军越过山脉去解放智利和秘鲁的。卡诺塔纪念墙以西的维利亚西奥村，这个风景如画的小镇坐落在海拔1800米的高地上，有一所著名的温泉疗养旅馆。

离开这里，经过一段被称为"一年路程"的大弯道，便来到了海拔2000米的乌斯帕亚塔村。村子附近有当年安第斯山军砌成的拱形桥——皮苏塔桥以及兵工厂、冶炼厂等遗址。

再往前行就到了旅游小镇乌斯帕亚塔镇，这里旅游设施齐全，十分繁华，风景也很优美。从乌斯帕亚塔镇起，海拔已达到3000米左右，经过瓦卡斯角小站，可以看到一座天生的石桥印加桥，登山者一般都以此为出发点。印加桥附近有一组高大的岩石峰，形如一群站立忏悔的人群，当地的印第安人称其为"忏悔的人们"。

过了印加桥，西行不远，是海拔3855米的拉库姆布里隘口。这里矗立

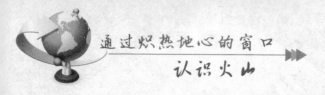
着一座耶稣铸像，铸像面朝阿根廷方向，建于 1902 年，是阿根廷和智利为纪念和平解放南部巴塔哥尼亚边界争端签订《五月公约》而建立的。铸像高 7 米，重 4 吨，它的基座上铭刻着：此山将于阿根廷和智利和平破裂时崩溃在大地上。

③休眠火山

休眠火山是指有史以来曾经喷发过，但长期以来处于相对静止状态的火山。此类火山都保存有完好的火山锥形态，仍具有火山活动能

力，或尚不能断定其是否已丧失火山活动能力。如我国长白山天池，曾于 1327

年和 1658 年两度喷发，在此之前还有多次活动。目前虽然没有喷发活动，但从山坡上一些深不可测的喷气孔中不断喷出高温气体，可见该火山目前正处于休眠状态。中国长白山和日本富士山是休眠火山的典型代表。下面简单介绍一下：

中国长白山：长白山是古夏大陆的一部分，是一座休眠火山。由于其独特的地质结构形成不同于其他山脉的奇妙景观。主峰海拔 2691 米，海拔在 2500 米以上的山峰就有 16 座，天池是长白山最为著名的景观。大约在六亿年以前，这里是一片汪洋大海，从古生代到中生代，地球经历了加里东海、燕山和喜马拉雅造山运动后，海水终

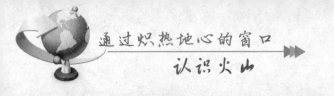
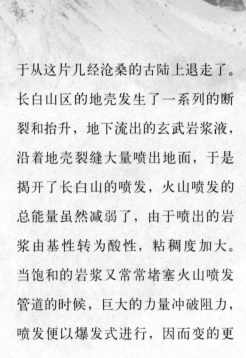

于从这片几经沧桑的古陆上退走了。长白山区的地壳发生了一系列的断裂和抬升，地下流出的玄武岩浆液，沿着地壳裂缝大量喷出地面，于是揭开了长白山的喷发，火山喷发的总能量虽然减弱了，由于喷出的岩浆由基性转为酸性，粘稠度加大。当饱和的岩浆又常常堵塞火山喷发管道的时候，巨大的力量冲破阻力，喷发便以爆发式进行，因而变的更加猛烈了。长白山火山有过多次喷发也有过长时间的间歇，从 16 世纪开始活动到现在曾分别在 1597 年的 8 月、1688 年的 4 月和 1702 年的 4 月，有过三次喷发。最后一次距今大约 300 年，长白山火山喷发的物质堆积在火山口周围，使长白山山体高耸成峰，形成为同心圆状的火山锥体，山顶上堆积了灰白色的浮石、火山灰，加上常年累月堆积着的白雪，

从远处望去，就是一座白雪皑皑的山峰，长白山也因此而得名。

长白山是中国十大名山之一，与五岳齐名、风光秀丽、景色迷人。2007年成为国家首批ＡＡＡＡＡ级风景区，因其主峰白云峰多白色浮石与积雪而得名，素有"千年积雪为年松，直上人间第一峰"的美誉。走进长白山，以长白山天池为代表，集瀑布、温泉、峡谷、地下森林、火山熔岩林、高山大花园、地下河、原始森林、云雾、冰雪等旅游景观为一体，构成了一道亮丽迷人的风景线。大自然赋予了它无比丰富独特的资源，使之成为集生态游、风光游、边境游、民俗游四位一体的旅游胜地。长白山是东北三宝人参、貂皮、鹿茸的主要产地，山上还有许多稀有的生物资源，如美人松、山葡萄、野蘑菇、金达莱、不老草和东北虎、丹顶鹤等。

日本富士山：距今大约11000

年前，古富士的山顶西侧开始喷发出大量熔岩。这些熔岩形成了现在的富士山主体的新富士。此后，古富士与新富士的山顶东西并列。约2500～2800年前，古富士的山顶部分由于风化作用，引起了大规模的山崩，最终只剩下新富士的山顶。

据估计，距今11000年前到8000年前的3000年间，新富士山顶仍在不断喷发出熔岩。此后，山顶部没有新的喷发，但是长尾山和宝永山等侧火山仍有断断续续的喷发活动。史上关于富士山喷发的文字记载有：公元800年—802年（日本延历19—21年）的"延历喷发"，以及864年（日本贞观6年）的贞观喷发。富士山最后一次喷发是在1707年（日本宝永4年），这次由宝永山发出的浓烟到达了大气中的平流层，在当时的江户（现称东京）落下的火山灰都积有4厘米厚。此后仍不断观测到火山性的地震和喷烟，一般认为今后仍存在喷发的可能性。根据东京大学地震研究所于2004年4月进行的钻探调查，在上述的3座山体下仍存在更为古老的山体。这第4座山体被命名为先小御岳。

应该说明的是，这三种类型的火山之间没有严格的界限。休眠火山可以复苏，死火山也可以"复活"

（2）根据火山喷发状况划分

火山作用受到岩浆性质、地下岩浆库内压力、火山通道形状、火山喷发环境（陆上或水下）等诸多因素的影响，使得火山喷发具有以下类型：

①裂隙式喷发

岩浆沿着地壳上巨大裂缝溢出地表，称为裂隙式喷发。这类喷发没有强烈的爆炸现象，喷出物多为碱性熔浆，冷凝后往往形成覆盖面积广的熔岩台地。如分布于我国西南川滇黔三省交界地区的二迭纪峨眉山玄武岩和河北张家口以北的第三纪汉诺坝玄武岩都属裂隙式喷发。现代裂隙式喷发主要分布于大洋底的洋中脊处，在大陆上只有冰岛可见到此类火山喷发活动，故又称为冰岛型火山。

②中心式喷发

地下岩浆通过管状火山通道喷出地表，称为中心式喷发。这是现代火山活动的主要形式，又可细分

相互间并不是一成不变的。过去一直认为意大利的维苏威火山是一个死火山，在火山脚下，人们建筑起许多的城镇，在火山坡上开辟了葡萄园，但在公元79年维苏威火山突然爆发，高温的火山喷发物袭占了毫无防备的庞贝和赫拉古农姆两座古城，两座城市及居民全部毁灭和丧生。

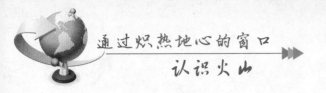
为三种：

宁静式：火山喷发时，只有大量炽热的熔岩从火山口宁静溢出，顺着山坡缓缓流动，好像煮沸了的米汤从饭锅里沸泻出来一样。溢出的熔

印度群岛的培雷火山爆发就属此类，也称培雷型。

中间式：属于宁静式和爆烈式喷发之间的过渡型。此种类型以中碱性熔岩喷发为主。若有爆炸时，

岩以碱性熔浆为主，熔浆温度较高、粘度小、易流动。含气体较少，无爆炸现象。夏威夷诸火山为其代表。

爆烈式：火山爆发时，产生猛烈的爆炸，同时喷出大量的气体和火山碎屑物质，喷出的熔浆以中酸性熔浆为主。1568年6月25日，西

爆炸力也不大。可以连续几个月甚至几年，长期平稳地喷发，并以伴有间歇性的爆发为特征。爆烈式火山以靠近意大利西海岸利帕里群岛上的斯特朗博得火山为代表。该火山大约每隔2～3分钟喷发一次，夜间在669千米以外仍可见火山喷

发的光焰。故此又称斯特朗博利式。

　　③熔透式喷发

　　岩浆熔透地壳大面积地溢出地表，称为熔透式喷发。这是一种古老的火山活动方式，现代已不存在。一些学者认为，在太古代时，地壳较薄，地下岩熔透式岩浆常会喷出活动。

火山的喷发

◎火山喷发的过程

　　火山喷发的过程可分为三个阶段：

　　（1）气体的爆炸

　　在火山喷发的孕育阶段，由于气体出溶和震群的发生，上覆岩石裂隙化程度增高，压力降低，而岩浆体内气体出溶量不断增加，岩浆体积逐渐膨胀，密度减小，内压力增大，当内压力大大超过外部压力时，在上覆岩石的裂隙密度带发生气体的猛烈爆炸，使岩石破碎，并打开火山喷发的通道，首先将碎块喷出，相继而来的就是岩浆的喷发。

　　（2）喷发柱的形成

　　气体爆炸之后，气体以极大的

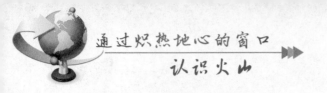

喷射力将通道内的岩屑和深部岩浆喷向高空，形成了高大的喷发柱。喷发柱又可分为三个区：

①气冲区

气冲区位于喷发柱的下部，相当于整个喷发柱高度的十分之一。因气体从火山口冲出时的速度和力量很大，虽然喷射出来的岩块等物质的密度远远超过大气的密度，但它也会被抛向高空。气冲的速度，在火山通道内上升时逐渐加快，当它喷出地表射向高空时，由于大气的

压力和喷气能量的消耗，其速度逐渐减小，被气冲到高空的物质，按其重力大小在不同的高度开始降落。

②对流区

对流区位于气冲区的上部，因喷发柱气冲的速度减慢，气柱中的气体向外散射，大气中的气体不断加入，形成了喷发柱内外气体的对流，因此称其为对流区。该区密度大的物质开始下落，密度小于大气的物质，靠大气的浮力继续上升。对流区气柱的高度较大，约占喷发

柱总度的十分之七。

③扩散区

扩散区位于喷发柱的最顶部，此区喷发柱与高空大气的压力达到基本平衡的状态。喷发柱不断上升，柱内的气体和密度小的物质是沿着水平方向扩散，故称其为扩散区。被带入高空的火山灰可形成火山灰云，火山灰云能长时间飘流在空中，而对区域性的气候带来很大影响，甚至会造成灾害。此区柱体高度占柱体总高度的十分之二左右。

（3）喷发柱的塌落

喷发柱在上升的过程中，携带着不同粒径和密度的碎屑物，这些碎屑物依着重力的大小，分别在不同高度和不同阶段塌落。决定喷发柱塌落快慢的因素主要有四点：

①火山口半径大的，气体冲力小，柱体塌落的就快；

②若喷发柱中岩屑含量高，并且粒径和密度大，柱体塌落的就快；

③若喷发柱中重复返回空中的固体岩块多，柱体塌落的就快；

④喷发柱中若有地表水的加入，可增大柱体的密度，柱体塌落的就快。反之，喷发柱在空中停留的时间长，塌落的就慢。

火山喷发并非千篇一律，像夏威夷基拉韦厄火山那样的喷发，事前熔岩已静静地流出，由于熔岩流动缓慢，因而只破坏财产而没有危及生命。而像1883年印尼喀拉喀托

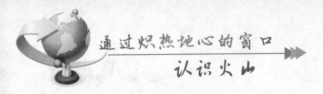

火山那样的火山碎屑喷发或蒸气爆炸（或蒸气猛烈爆发），则造成重大的人员伤亡。

在火山喷发过程中，挥发性物质充当了重要的角色，它不仅是火山的产物，更是火山喷发的动力。从岩浆的产生到火山喷发的整个过程，挥发性物质的活动无一不在起着重要作用。

◎火山喷发的类型

纵观世界火山的喷发类型，其决定因素是岩浆的成分、挥发分含量、温度和粘度。如玄武岩浆含二氧化硅成分低，含挥发分相对少、温度高、粘度小，因此岩浆流动性大，火山喷发相对较宁静，多为岩浆的喷溢，可形成大面积的熔岩台地和盾形火山；流纹质和安山质岩浆富含二氧化硅和挥发分，其温度低、粘性大，流动性差，因此火山喷发猛烈，爆炸声巨大，有大量的火山灰、火山弹喷出，常形成高大的火山碎屑锥，并伴有火山碎屑流和发光云现象，往往造成重灾。决定因素之二是地下岩浆上升通道的特点。

若岩浆房中的岩浆沿较长的断裂线涌出地表，即形成裂隙式喷发；若沿两组断裂交叉而成的筒状通道上涌，在岩浆内压力作用下，便可产生猛烈的中心式喷发。决定因素之三是岩浆喷出的构造环境，看其是在陆地，还是水下；是在洋脊还是在板内；是在岛弧还是在碰撞带等等。火山所处的大地构造环境不同，火山喷发类型的特点也大不相同。

（1）玄武岩泛流喷发

这种喷发如印度的德干高原、北美的哥伦比亚高原。它们是岩浆沿一个方向的大断裂（裂隙）或断裂群上升，喷出地表，有的从窄而长的通道全面上喷；有的火山呈一字形排列分别喷发，但向下则相连成为墙状通道，因此称为"裂隙喷发"。喷发以玄武岩为主，流动方向近于平行，厚度及成分较为稳定，产状平缓，以熔岩多见，常形成熔岩高原。因为玄武岩流动性大，熔岩喷出量大，少有爆发相，在地形平坦处似洪水泛滥，到处流溢、分布面积广，所以又称"玄武岩泛流喷发"。1783年冰岛的拉基火山喷发，从长 25 千米的裂隙中喷出约 12 立方千米的熔岩及 3 立方千米的火山碎屑物，覆盖面积达 565 平方千米。美国亚利桑那州的威廉峡谷，从 120 米宽的裂隙中一次性流出熔岩，形成 14×22 平方千米的高原，厚度最

夏威夷式喷发属热点火山喷发。特点是很少发生爆炸，常常从山顶火山口和山腰裂隙溢出相当多数量的玄武质熔岩流，岩浆粘度小，流动性大，表现为比较安静的溢流，气体释放量可多可少，以美国夏威

大达 240 米。我国贵州、云南、四川的二叠纪玄武岩及河北省的汉诺坝也都是玄武岩泛流喷发。

（2）夏威夷式喷发

夷岛为代表。由于喷发时岩浆受到较大的静压力以及气泡的膨胀作用，当其到达地表时，形成熔岩喷泉，被逸出气体推动的熔岩喷泉可高达

300 米或更高，被喷出的多是玄武质熔岩，也可以是安山质熔岩，也有少量的火山渣和火山灰。这种喷发类型，熔岩往往是多次溢流，而且有许多裂隙作为通道，流出的熔岩形成比较平坦的熔岩穹。如 1924 年基拉维厄和 1975 年冒纳罗亚火山的喷发就是典型的夏威夷式喷发。这种类型喷发基本没有人员伤亡，但可以毁坏农田村庄，造成财产损失。

（3）斯通博利型喷发

斯通博利型喷发源自 20 世纪初早期意大利语。最典型的是意大利的斯通博利火山，位于西西里风神岛，经常有火山喷发活动，从古代起即被称为"地中海的灯塔"。其喷发特征是或多或少的定期的中等强度喷发，喷出炽热熔岩，其粘性比夏威夷式要大一些，伴随着白色蒸汽云。火山口的熔岩有轻度硬结，主要为块状熔岩，由玄武质、安山质成分的岩石组成，熔岩流厚而短，也有少数为绳状，每隔半小时就有气体从中逸出。这种火山韵律性地喷出白热的火山渣、火山砾和火山弹，爆炸较为温和，很多火山碎屑又落回火口，再次被喷出，其它的落到火山锥形成的坡上并滚入海中。如斯通博利火山（意大利）、帕利库廷火山（墨西哥）、维苏威火山（意

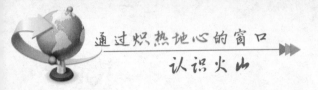
大利)、阿瓦琴火山、克留契夫火山(前苏联)等,都具有斯通博利型喷发特点。

(4)武尔卡诺型喷发

武尔卡诺岛位于地中海西西里岛附近。这种类型喷发比斯通博利式火山熔岩粘度更大,呈熔浆状,喷发较为猛烈。不喷发时在火山口上形成较厚的固结外壳,气体在固结的外壳下聚集,使熔岩柱的上部气体趋于饱和。当压力增大时,发生猛烈的爆炸,有时足以摧毁一部

分火山锥,使阻塞物被炸开,一些碎片和熔岩组成的"面包皮状火山弹"和火山渣被一起喷出,同时伴随着含相当数量火山灰的"菜花状"喷发云。当火山口的"阻塞物"都被喷出后,就有熔岩流从火山口或火山锥侧缘的裂隙中涌出。

(5)培雷式喷发

培雷式喷发名字起源于西印度群岛马提尼克岛培雷火山1902年的喷发。当时毁灭了圣皮埃尔城,死亡人数超过3万。这种喷发产生高粘度岩浆,爆发特别强烈,最明显的特征是产生炽热的火山灰云,火山灰云是一种高热度气体,全是炽热的火山灰微粒,就像活动的乳浊液,密度大,当它沿山坡向下移动时,足以产生象飓风一样的效果。在培雷式喷发中,向上的气体经常被火山口中的熔岩堵住,压力逐渐

增大发生爆炸时就像从瓶塞底下喷出水平方向的一阵疾风。熔岩被火山灰含量很高的气体所推动向外流出，但除了从火口中流出粘稠的熔岩外，其它地方就没有熔岩流出的现象了。历史上发生培雷式喷发的火山较多：1835年科西圭那、1883年喀拉喀托、1902年苏弗里埃尔、1912年卡特迈、1951年拉明顿火山、1955-1956年别兹米扬、1968年马荣和1982年埃尔奇琼火山喷发都属此种类型。

（6）普林尼式喷发

普林尼式喷发岩浆粘度大、爆发强烈，火山碎屑物常达90%以上，其中围岩碎屑占10%～25%，喷出物以流纹质与粗面质浮岩、火山灰为主，分布较广，伴有少量熔岩流或火山灰流。由于爆发强烈及岩浆物质大量抛出，常形成锥顶崩塌的破火山口。这种火山喷发过程常为：清除火山通道——岩浆泡沫化——猛烈爆发出浮岩及火山灰——通道壁上碎石坠入及堵塞火山通道。如此反复作用，形成复杂的火山机构。公元79年维苏威火山爆发是典型的普林尼式喷发，伴随喷发大规模降落浮石、火山渣和火山灰。喷出的火山渣顺风降落，离火山口13千米的庞贝城，为平均7米厚的浮石层所掩埋。日本1783年的浅间火山活动也同样降下浮石层，大喷发中同时有火山碎屑流和熔岩流的喷出。1980年5月18日美国圣海伦斯火山爆发也是普林尼式，爆发时形成热液－岩浆爆炸。

（7）超武尔卡诺型喷发

超武尔卡诺型喷发和水蒸气爆发一样，几乎是无岩浆物质的爆发式喷发。有的称超火山（日本磐梯山）型爆发。由于喷发只有喷发物质而无熔岩，因此喷发物质是在冷却状态下喷发的，偶尔在炽热状态下喷出。其特点是出现大量的基底火山碎屑，有时可达75%～100%。超武尔卡诺型喷发出的物质体积大小

变化很大，从巨形岩块到火山灰均有。碎屑通常是棱角状和尖棱角状，无火山弹和熔渣。

（8）苏特塞式喷发

1963—1967 年，冰岛南部近海不停的火山喷发产生一个苏特塞火山岛。火山活动的前半个时期，在浅海海底的一个火山口以反复爆发式喷发为特征，当玄武质岩浆与海水接触时又发生爆炸，产生大量细粒物质（火山灰），这种由岩浆－水蒸气、水蒸气－岩浆爆发的类型与陆上的斯通博利型喷发不一样。

以上的分类法也不是最完善的，实际调查揭示，即使是同一种喷发类型也可能出现在不同类型的火山作用中，而同一座火山在自身的活动过程中也可能产生不同的喷发类型，甚至在同一喷发期也有时出现不同的火山活动形式。如以斯通博利型而命名的斯通博利火山，发生几次武尔卡诺型喷发；命名为夏威夷式喷发的基拉韦厄和冒纳罗亚火

山，在不同时期均观测到从斯通博利型到超武尔卡诺型的喷发。

◎ **火山喷出的碎屑**

"Tephra"原来是希腊词汇，指"灰"的意思，现成为火山专业术语，

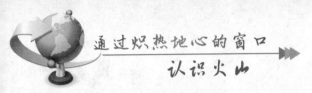
指火山喷发时飞入空中的所有碎屑物的总称。因而，可译为"火山喷发碎屑"，也可称为"火山空降碎屑"。火山喷发碎屑包括各种尺寸和密度的碎屑物，它们由于爆炸、热气流或岩浆的喷发被带入空中。

火山喷发碎屑是被喷入空中的碎屑，因而在回落地表时具有一定程度的分选性，一般较粗粒的碎屑离火山口较近，而细粒的较远。

根据火山喷发碎屑的形态和尺寸又可分为火山灰、火山砾、火山块、火山弹等多种类型。

（1）火山灰

火山爆发时，岩石或岩浆被粉碎成细小颗粒，从而形成火山灰。火山灰，就是细微的火山碎屑物。由岩石、矿物、火山玻璃碎片组成，直径小于 2 毫米，还有人将其中极细微的火山灰划分出来称为火山尘。在火山的固态及液态喷出物中，火山灰的量最多，分布最广，它们常

呈深灰、黄、白等色，堆积压紧后成为凝灰岩。火山灰不同于烟灰，它坚硬、不溶于水。

火山爆发时炽热的火山灰随气流快速的上升，会对飞行安全造成威胁。大规模的火山喷发所产生的火山灰可在平流层长期驻留，从而对地球气候产生严重影响。火山灰也会对人、畜的呼吸系统产生不良影响。火山灰的下落也会给人们带来伤害，1991 年皮纳图博火山喷发

时，台风和雨使又湿又重的火山灰降落到人口稠密的地区，约 200 人死在压塌的屋顶下。2010 年 4 月 16 日，据台湾《联合报》报道，由于冰岛火山爆发产生的大量火山灰已在欧洲上空弥漫，台湾多家航空公司赴欧洲航班宣布取消或滞后起飞。在冰岛火山大规模喷发之后，英国民航机场全部关闭。进出挪威、瑞典、芬兰、丹麦等受火山灰云影响国家的数千架航班也被迫取消。

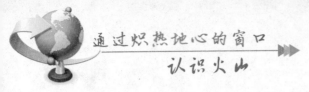
据悉，内燃机通过吸入空气工作，进而产生能量。火山灰能够钻入飞机发动机的零部件，导致各种各样的破坏。就像在沙暴中驾驶汽车一样，发动机的内部零件会被阻塞。此外，火山灰中的微小颗粒也会阻塞皮托管这个空速传感器。尘埃会堵塞这些设备进而产生错误的读数。飞机会因此失速，飞行员可能无法获知当时的速度。

（2）火山砾

在意大利语中"Lapilli"是"小石头"的意思。现在，Lapilli指的则是 2 ~ 64 毫米直径的火山喷发

碎屑。另外，还有一种火山砾被称为增生火山砾，它的直径范围也是2～64毫米，其特殊之处在于它是球形的，是由细小的火山灰一层一层粘结而成。

　　一些同源的火山砾由新鲜的岩浆喷出物组成，而另一些火山砾则由早期同源或异源的已经固结的岩石组成，还有一些则是在飞行中由玄武质火山灰逐步增大而成。形状有不规则的或近于圆形的火山砾，可分为：火山渣、浮石、外加火山砾或火山豆、结晶火山砾、火山毛和火山泪等等。

　　（3）火山块

　　火山块又称火山集块，是直径大于64毫米的、棱角锋利的岩块。火山块的成分一般是早期的熔岩。火山爆发导致火山锥上早期的熔岩体破碎形成火山块。一般认为熔岩体破碎时为固体状态，从而才可能形成火山块锋利的棱角。

同源的火山岩块是岩浆在火口内已经固结后又被后期的火山喷发所抛出的固态岩石碎块。它的外形略带圆形，但是没有火山弹那样的内部构造和外形的平行性。火山块的长轴大于64毫米。有时岩块巨大，如维苏威火山喷出的火山岩块重达2～3吨。1924年，夏威夷基拉维厄火山的蒸气爆炸抛出的火山块重达14吨。在破火口形成的灾变性喷发过程中常喷出同源火山（或侵入）岩块，也可以有非火山岩块。

（4）火山弹

火山弹是直径大于64毫米的、形状圆滑的熔岩块。火山弹是火山爆发时，熔融或部分熔融的岩屑飞入空中，冷却下落形成。由于流体动力学的作用，岩块形成了圆滑的形状。火山弹包括圆形、长形、纺锤形等多种。

火山弹是火山刚喷发时的产物，一般都被后续的火山喷出物埋于地下。"核"中含地幔包体的说明喷发的岩浆来源很深，至少5000米以下，含地幔物质对人类研究和认识地球深处的状态非常有益。

火山弹由火山喷到空中的岩浆物质快速冷凝而成的一种火山喷发物。有纺锤状、梨状、椭球状等形状。组成物质从里往外越来越细，外壳通常致密状和玻璃质，内部常呈气孔状，有的中空。一般堆积在火山口附近及火山锥斜坡上。

◎火山喷发的影响

自地球诞生以来直到现在，地球上的环境演变至今，火山活动起着巨大的作用。像大陆和海洋的生成、人类赖以生存的大气环境、矿产资源和肥沃土壤的形成以及热能的开发利用，无一不与火山活动有关。但是，火山喷发也给人类带来巨大的灾难。据估计，一次大规模火山爆发产生大规模火山碎屑流。其释放的能量可达1020～1021焦，这相当于8级大地震能量的1000倍以上。

火山灾害与其他自然灾害的不同，就在于火山灾害与火山喷发造成的环境变化紧密相关，因为火山喷发可以使人类生存的广域空间（包括海洋、地表到大气层）环境受到影响和破坏。从这一点上来说，火山喷发与人类的生存环境息息相关，火山喷发造成的大气污染早已为科学家们所关注。

（1）火山喷发对气候的影响

纵观近代几次巨大的火山爆发，

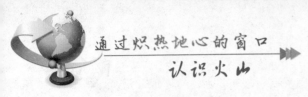
均使火山喷发形成的平流层气溶胶增加，再加上其辐射效应，是造成全球气候影响的主要因素。1883年喀拉喀托火山爆发、1903年墨西哥的柯里玛火山爆发、1912年阿拉斯加卡特迈火山爆发，均使以后的全球平均气温下降0.3℃～0.6℃；1982年3～4月，墨西哥的钦乔纳火山爆发，在太平洋和印度洋上空，出现了5000克拉火山灰形成的巨大云层，厚3000米，飘浮在20千米的高空。这次喷发一年后，东南亚变冷，澳大利亚、印度尼西亚连续干旱而遭受饥荒。

（2）臭氧层被破坏

自1985年英国的南极考察人员首次报道了南极上空存在"臭氧洞"以来，大气臭氧层被破坏的问题已日渐引起全世界的关注。目前解释臭氧层被破坏的原因中有许多理论观点，但多数人认为是被排放到大气中的氟氯烃作用的结果。火山喷

发破坏臭氧层的机制，是由于火山喷发时能释放出大量的HCl、HF气体会直接升入高空被输送到平流区，通过紫外线照射，生成氯原子，并在平流层中滞留比较长的时间。据估计，火山喷发因素在破坏臭氧层的诸多因素中，约占30％左右。世界气象专家认为，1992年南极上空臭氧空洞的形成就是1991年菲律宾皮拉图博火山喷发引起的。

（3）污染与恶化环境

由于火山喷发，喷出大量的二氧化硫、二氧化碳、氯化物、氟化物和甲烷等火山气体，这些气体不仅能使人畜窒息和污染环境，而且由于大气臭氧的衰竭，引起进入对流层紫外线辐射的增加，使地面大气中各类污染物相互间的反应作用增强，继而加速光化学烟雾的形成和环境恶化的加剧。

火山气中的硫化物、氯化物、氟化物与空气中的水分反应，形成酸性水气，具有毒性，即使含量很低，也会对人和动物的眼睛、皮肤、呼吸系统造成伤害，损害和毁坏植物，腐蚀纤维、金属、建筑物和文物古籍。酸性水气凝结后形成酸雨，也会影响人类的生态环境。

火山喷发不可避免地要引起森林火灾和造成毁林的后果，其影响极为严重。据预测，地球上若无森林，生物的90％将被消灭；70％的淡水将白白流入大海；90％的动植物，因无森林储水将面临干旱威胁；生物碳化物将减少70%，地球上二氧化硫将大量增加，生物放氧将减少67%，地球上将升温；许多地区将发生洪水灾害；空气污染和太阳

如，墨西哥的钦乔纳尔和非洲的火山爆发，很快地减弱了赤道附近的贸易风，使得暖流从西太平洋向东冲击，从而产生一种称作南部厄尔尼诺扰动现象，紧接着在南非、印度、

辐射热等将增加，人类将面临灭顶之灾。

强烈的火山爆发，不仅会喷出大量二氧化碳、氧化氮和甲烷等温室效应气体，会导致全球气温变化，而且还会导致厄尔尼诺事件发生。

印度尼西亚、菲律宾和澳大利亚发生持续干旱；秘鲁、厄瓜多尔和美国西海岸暴雨成灾。据美国地质调查局研究，水下火山喷发，可能引起厄尔尼诺现象的出现，常会导致干旱、台风等世界性气候异常。

在每次火山喷发中，可以是一种致灾因素，也可以是由几种因素的综合作用，造成火山灾害。全球有喷发记载的火山553座，共记录了5231次喷发。据统计，爆发式喷发3595次，占喷发总数的68.7%；喷溢熔岩流的1228次，占23.4%；发生有火山泥石流的235次，占4.5%；发生有火山碎屑流的188次，占3.5%；产生有熔岩穹丘的167次，占3.1%。

（4）火山喷发带来的资源

火山活动有它有利的一面，如果能对它的危害进行预防，那就会完全成为一件好事。

火山喷出的东西，有很多是有用的。火山灰不仅有肥田的作用，而且是天然的水泥。古罗马人能够修建许多雄伟的建筑，就与使用火山灰作为胶合材料有关。至今人们还用火山灰来做水泥原料。搀有火山灰的水泥，成本较低，比普通水泥轻、抗水性强，适于在大规模水泥工程中使用，缺点是抗冻性较差，受温度的影响大，不适于冬季施工。

火山的另一种喷出物浮石，在

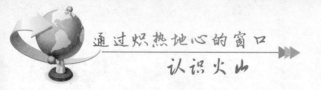
建筑工程中也很有用。浮石是一种多孔的岩石，孔隙多到能漂浮在水面上，因此得到了这个名称。浮石是某些含气体多的熔岩凝结而成的。这种熔岩冷却得很快，气体分离出来就被封闭在内部，因而形成许多空洞。由于空洞多，用浮石制造的水泥体轻、隔音、隔热、抗水性强。此外，浮石还是重要的研磨材料。

许多熔岩凝结成的岩石都很有用。如分布很广的玄武岩，非常坚固，可以作为建筑材料。近年来人们将玄武岩熔化，浇铸成管子、绝缘体、各种器皿等等。还有些别的熔岩凝结成的岩石，也可以拿来熔化浇铸。

火山活动还能造成硫磺、砷、铜、铅、锌、氯化铵等矿产。火山颈内更是形成金刚石的好地方。火山喷出的许多气体，像氯化氢、二氧化硫、氟化氢等都很有用。火山，简直像是一个天然的化工原料厂。可惜现在还没有利用起来，白白让一些原料跑掉了。

　　火山拥有的最大财富是热。在不久以前有过火山活动或者现在还有火山活动的地区，常常有大量热水、热汽蕴藏在地下，这是很有价值的资源。现在人们只是利用了一点点，就已经得到了不小的好处。只要用管道把温泉引出来，就可以不用烧煤而得到热水。还有些温泉，温度很高，甚至可以用来发电。

　　千百年来，火山一直以其独特的自然景观和神奇、壮观、惊险、刺激的喷发场面吸引着世人的广泛关注。世界上一些多火山国家，如日本、美国、新西兰、冰岛、意大利、法国等皆将其火山区开发建设成了闻名世界的火山旅游胜地。

　　火山好像地下的大锅炉，也称得起是大自然的工厂。我们的任务就是要防止它的危害，充分利用它的财富，使它能为人类服务。

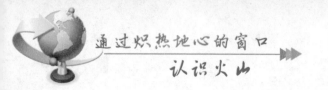
◎火山喷发逃生知识

无论是休眠火山还是活火山，都有可能随时喷发。灾难来临时，一团团的火山灰把天空遮蔽得黑沉沉的，石块从高空飞坠，熔岩冲下山坡。火山口和火山侧的裂隙还会喷出大量毒气。

火山喷发是巨大的灾祸，非人力所能挽回，大祸临头之际如能当机立断，采取适当行动，也许可绝处逢生。火山喷发后该如何逃生呢？

（1）倘若身处火山区，察觉到火山喷发前的先兆，应立刻离开。

（2）使用任何可用的交通工具。火山灰越积越厚，车轮陷住就无法行驶，这时就要放弃汽车。迅速向大路奔跑，离开灾区。

（3）倘若熔岩流逼近，应立即爬上高地。

（4）切记保护头部，以免遭飞坠的石块击伤。最好戴上硬帽或头盔，任何帽子塞上报纸团戴在头上，

也能起到保护作用。

（5）利用随手拿到的任何东西，即时造一副防毒面具，以湿手帕或湿围巾掩住口鼻，可以过滤尘埃和毒气。

（6）戴上护目镜，例如潜水面罩、眼罩，以保护眼睛。

（7）穿上厚重的衣服，保护身体。

（8）某些火山地区设有紧急庇护站。即使附近没有紧急庇护站，也不可在其他建筑物内躲避，除非熔岩块涌到跟前。墙壁虽然可挡住横飞的岩屑，屋顶却很容易砸塌。

◎火山喷发应对方法

（1）应对熔岩危害

在火山的各种危害中，熔岩流对生命的威胁最小，人们能够跑出熔岩流的路线。

（2）应对喷射物危害

在从靠近火山喷发处逃离时，最好使用建筑工人使用的那种坚硬的头盔、摩托车手头盔、骑马者头盔或用其他物品护住头部，防止砸伤。

（3）应对火山灰危害

火山灰具有刺激性，会对肺部产生伤害。逃生时应用湿布护住口

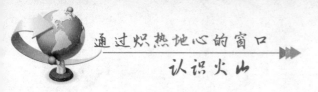

鼻，或佩戴防毒面具。当火山灰中的硫磺随雨而落时，会灼伤皮肤、眼睛和黏膜。戴上护目镜、通气管面罩或滑雪镜能保护眼睛，但不是太阳镜。用一块湿布护住嘴和鼻子，或者如果可能，用工业防毒面具。到庇护所后，脱去衣服，彻底洗净暴露在外的皮肤，用干净水冲洗眼睛。

（4）应对气体球状物危害

火山喷发时会有气体和灰球体以超过每小时 160 千米的速度滚下火山。可躲避在附近坚实的地下建筑物中，如果附近没有坚实的地下建筑物，唯一的存活机会可能就是跳入水中；屏住呼吸半分钟左右，球状物就会滚过去。

（5）应对泥石流

火山喷发可能诱发泥石流，对此，可采用"泥石流自救互救方案"应对。火山在喷发之前常常活动增加，伴有隆隆声和蒸气与气体的溢出，硫磺味从当地河流中就可闻到。刺激性的酸雨、很大的隆隆声或从火山上冒出的缕缕蒸气是警告的信号。驾车逃离时要记住，火山灰可使路面打滑，不要走峡谷路线，它可能会变成火山泥流经过的道路。

第二章　火山分布

世界火山主要分布在环太平洋火山带、大洋中脊火山带、东非裂谷火山带和阿尔卑斯－喜马拉雅火山带。全世界有516座活火山，其中69座是海底火山，以太平洋地区最多。中国境内的新生代火山锥约有900座，以东北和内蒙古的数量最多，约有600～700座。最近一次喷发的火山是位于新疆于田县的卡尔达的火山。

　　火山活动是一种宇宙自然现象。宇航探测发现，月球、火星、金星、木星上均有火山活动。现在的科学发现表明，在许多行星和卫星上都有火山。在太阳系中现在有确实证据证明仍有火山活动的是地球和木星的卫星埃欧（木卫一）。地球上的火山活动平均每年大约有50多次，但是其中大部分都是在海底和人迹罕至的群山中，因此对人类产生影响的火山活动感觉上很少。本章将为大家讲述火山在世界范围内的分布。

火山分布概述

◎ 全球火山分布

每年全球的火山有 50 多次喷发，岛弧与大陆地区的火山喷发更是造成了主要的火山灾害。火山喷发及产生的爆炸、火山灰和有毒气体、熔岩流和火山碎屑流等不仅给人类的生命财产带来严重危害，而且对人类的生存环境产生了极大的影响。如 1781 年冰岛拉基火山喷发，其产生的有毒气体和饥荒使冰岛人口减少了 1/5；1815 年印尼坦博拉火山喷发导致 92000

人死亡；1985 年哥伦比亚鲁伊斯火山一次中等规模的喷发也造成了 23000 人死亡。也正是哥伦比亚这次火山灾害引发了国际社会对减轻自然灾害的高度重视，发起"国际减灾十年（1990—2000 年）"活动，并

列入 1987 年第 42 届联大的决议。

　　除了火山喷发可以带来巨大损失外，活动火山在休眠期也会形成灾害。非洲喀麦隆的尼俄斯湖形成于 500 年前的一次火山喷发，1986 年 8 月 21 日二氧化碳气体喷发使 1700 多人及其家畜死于非命。美国加州的长谷火山最近一次喷发在 600 年前。1995 年伴随地震活动，猛犸山下的土壤中二氧化碳和氦集中造成大片松树死亡，并逐渐扩展到相邻的赤溪地区。

　　在日本、美国、意大利、印尼、菲律宾、新西兰、俄罗斯等一些多火山的国家，火山灾害预测普遍受到高度重视。国际上火山预测有许多成功的经验。例如，人类曾经成功地实现了 1980 年美国圣海伦斯、1986 年日本伊豆大岛、1991 年菲律宾皮纳图博等火山的喷发预测。

世界各地几乎都有火山分布，近 10000 年来有过喷发活动的火山达 1500 多个，根据近几十年的观测记录，平均每年约有 50 次火山喷发，这些喷发有的发生在陆地，有的发生在海洋，其中有 10 次左右造成了明显灾害。

很多学者根据板块理论建立了全球火山模式，认为大多数火山都分布在板块边界上，少数火山分布在板内，前者构成了四大火山带，即环太平洋火山带、大洋中脊火山带、东非裂谷火山带和阿尔卑斯—喜马拉雅火山带。板块学说在火山研究中的意义在于它能把很多看来是彼此孤立的现象连为一个有机的整体。但以这个学说建立的火山活动模式也并不是十分完美的，如环大西洋为什么就没有火山带；板内火山不在板块边界上，用地幔柱解释它的成因似乎依据也不够充分。1993 年，又有学者李鸿业提出两极挤压说，揭开了地球发展的奥秘。他

认为在两极挤压力的作用下，地球赤道轴扩张形成经向张裂和纬向挤压，全球火山主要分布在经向和纬向构造带内。

（1）环太平洋火山带

环太平洋火山带，南起南美洲

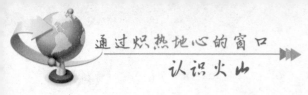
的科迪勒拉山脉，转向西北的阿留申群岛、堪察加半岛，向西南延续的是千岛群、岛日本列岛、琉球群岛、台湾岛、菲律宾群岛以及印度尼西亚群岛，全长40000余千米，呈一向南开口的环形构造系。环太平洋火山带也称环太平洋火环，有活火山512座，其中南美洲笠迪勒拉山系安第斯山南段的30余座活火山，北段有16座活火山，中段尤耶亚科火山海拔6723米，是世界上最高的活火山。再向北为加勒比海地区，沿太平洋沿岸分布着著名的火山有奇里基火山、伊拉苏火山、圣阿纳火山和塔胡木耳科火山。北美洲有活火山90余座，著名的有圣海伦斯火

山、拉森火山、雷尼尔火山、沙斯塔火山、胡德火山和散福德火山。在阿留申群岛上最著名的是卡特迈火山和伊利亚姆纳火山。在堪察加半岛上有经常活动的克留契夫火山，向击千岛群岛和日本列岛山岛弧，著名火山分布在日本列岛，如浅间山、岩手山、十胜岳、阿苏山和三

原山都是多次喷发的活火山。琉球群岛至台湾岛有众多的火山岛屿，如赤尾屿、钓鱼岛、彭佳屿、澎湖岛、七星岩、兰屿和火烧岛等，都是新代以来形成的火山岛。火山活动最活跃的可算菲律宾至印度尼西亚群岛的火山，如喀拉喀托火山、皮纳图博火山、塔匀火山、坦博拉火山

和小安的列斯群岛的培雷火山等，近代曾发生过多次喷发。

环太平洋带，火山活动频繁，据历史资料记载全球现代喷发的火山这里占80%，主要发生在北美、堪察加半岛、日本、菲律宾和印度尼西亚。印度尼西亚被称为"火山之国"，南部包括苏门答腊、爪哇诸岛构成的弧－海沟系，火山近400座，其中129座是活火山，这里仅1966—1970年5年间，就有22座火山喷发，此外海底火山喷发也经常发生，致使一些新的火山岛屿露出海面。

环太平洋火山带的火山岩主要是中性岩浆喷发的产物，形成了钙碱性系列的岩石，最常见的火山岩类型是安山岩，距海沟轴150～300千米的陆地内，安山岩平行于海沟呈

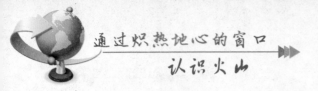
弧形分布，即成所谓的"安山岩线"。另一特点是，自海沟向陆地方向岩石有明显的水平分带性，一般随与海沟距离的增大，依次分布为拉斑

系列岩石、钙碱性系列岩石和碱性系列的岩石。这里的火山多为中心式喷发，火山爆发强度较大，如果发生在人口稠密区，则往往造成严重的火山灾害。

知识小百科

环太平洋火山带活跃地区

圣安德列斯断层：加利福尼亚非常活跃的圣安德列斯断层是一转换断层，抵销了一部分在美国和墨西哥之西南的东太平洋隆起，该断层引起许多小型地震，大约一天数起，其中大多是无感地震。

不列颠哥伦比亚与育空：不列颠哥伦比亚和育空地带是环太平洋火山带的一个较大的火山活动范围。这里火山活动的剧烈，是因为当太平洋板块

与北美洲板块摩擦，岩石广泛地爆裂并产生断层，情况与太平洋板块在日本、菲律宾及印尼潜没并形成火山不同。加拿大最大的火山位于这个地区。埃齐扎山是一个大型的火山复合体，在过去数千年曾有几次爆发纪录，形成了一些火山渣锥和溶岩流。其他活跃的火山包括胡度山等。

（2）大洋中脊火山带

大洋中脊也称大洋裂谷，它在全球呈"W"形展布，从北极盆穿过冰岛到南大西洋，这一段是等分了大西洋壳，并和两岸海岸线平行。向南绕非洲的南端转向 NE 与印度洋中脊相接。印度洋中脊向北延伸到非洲大陆北端与东非裂谷相接。向南绕澳大利亚东去，与太平洋中脊南端相边，太平洋中脊偏向太平洋东部，向北延促又进入北极区海域，整个大洋中脊构成了"W"形图案，成为全球性的大洋裂谷，总长 80000余千米。大洋裂谷中部多为隆起的海岭，比两侧海原高出 2～3 千米，故称其为大洋中脊，在海岭中央又多有宽 20～30 千米，深 1～2 千米的地堑，所以又称其为大洋裂谷。大洋内的火山就集中分布在大洋裂谷带上，人们称其为大洋中脊火山

带。根据洋底岩石年龄测定，说明大洋裂谷形成较早，但张裂扩大和激烈活动是在中生代到新生代，尤其第四纪以来更为活跃，突出表现在火山活动上。

大洋中脊火山带火山的分布也是不均匀的，多集中于大西洋裂谷，北起格陵兰岛，经冰岛、亚速尔群岛至佛得角群岛，该段长达万余千米，海岭由玄武岩组成，是沿大洋裂谷火山喷发的产物。由于火山多为海底喷发，不易被人们发现，据有关资料记载，大西洋中脊仅有60余座活火山。冰岛位于大西洋中脊，

冰岛上的火山我们可以直接观察到，岛上有200多座火山，其中活火山30余座，人们称其为火山岛。据地质学家（1960年）统计，在近1000年内，大约发生了200多次火山喷发，平均5年喷发一次。著名的活火山有海克拉火山，从1104年以来有过20多次大的喷发。拉基火山于1783年的一次喷发为人们所目睹，从25千米长的裂缝里溢出的熔岩达12千米以上，熔岩流覆盖面积约565平方千米，熔岩流长达70多千米，造成了重大灾害。1963年在冰岛南部海域火山喷发，这次喷发一直延续

到1967年，产生了一个新的岛屿——苏特塞火山岛。高出海面约150米，面积2.8平方千米。6年之后，在该岛东北32千米处的维斯特曼群岛的海迈岛火山又有一次较大的喷发。这些火山的喷发，反映了在大西洋裂谷火山喷发的特点。

在太平洋中脊，于南纬6°～14°的太平洋东隆的轴部，新生代以来的裂隙喷发，形成了宽40～60千米，长800千米的玄武岩台地，发现的活火山仅有14座，其活动强度与频度都不如大西洋裂谷火山带。

印度洋，据查有三列走向近SN的海底山脉，即海岭，仅有部分火山出露海面而成火山岛屿，如塞舌尔群岛和马尔克林群岛，它们都是现代海底火山喷发形成的。

在大洋中脊以外，仅有一些零散火山分布，它们是以火山岛屿的形式出现，如

太平洋海底火山喷发形成的岛屿有夏威夷群岛，即通常所说的夏威夷－中途岛的火山链，有关岛、塞班岛、提尼安岛、贝劳群岛、俾斯麦群岛、所罗门群岛、新赫布里底群岛及萨摩亚群岛等。在大西洋，如圣赫勒拿岛、阿森松岛、特里斯坦－达库尼亚群岛也都是一些火山岛，南极洲的罗斯海中的埃里伯斯火山也属该种类型。这些火山岛屿都由玄武岩构成，与大洋裂谷带内的火山岩基本相同。

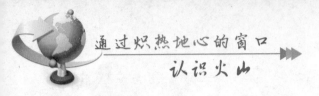

火山
知识小百科

环太平洋火山带附近的国家

阿根廷、伯利兹、玻利维亚、巴西、文莱、加拿大、哥伦比亚、智利、哥斯达黎加、厄瓜多尔、东帝汶、萨尔瓦多、密克罗尼西亚联邦、斐济、危地马拉、洪都拉斯、印尼、日本、中国、基里巴斯、马来西亚、墨西哥、新西兰、尼加拉瓜、帕劳、巴布亚新几内亚、巴拿马、秘鲁、菲律宾、俄罗斯、萨摩亚、所罗门群岛、汤加、图瓦鲁、美国。

（3）东非裂谷火山带

东非裂谷是大陆最大裂谷带，分为两支：裂谷带东支南起希雷河河口，经马拉维肖，向北纵贯东非高原中部和埃塞俄比亚中部，至红海北端，长约 5800 千米，再往北与西亚的约旦河谷相接；西支南起马拉维湖西北端，经坦喀噶尼喀湖、基伍湖、爱德华湖、阿尔伯特湖，至阿伯特尼罗河谷，长约 1700 千米。裂谷带一般深达 1000 ~ 2000 米，宽 30 ~ 300 千米，形成一系列狭长而深陷的谷地和湖泊，如埃塞俄比亚高原东侧大裂谷带中的阿萨尔湖，湖面在海平面以下 150 米，是非洲陆地上的最低点。

自中生代裂谷形成以来，火山活动频繁，尤其晚新生代以来更为盛行。据统计，非洲有活火山 30 余座，多分布在裂谷的断裂附近，有的也分布在裂谷边缘百公里以外，如肯尼亚山、乞力马扎罗山和埃尔贡山，它们的喷发同裂谷活动也密切相关。

东非裂谷火山带火山喷发类型有两种，一种是裂隙式喷发，主要发生在埃塞俄比亚裂谷系两侧，形成了玄武岩熔岩高原（台地），占埃塞俄比亚全国面积的三分之二，熔岩厚

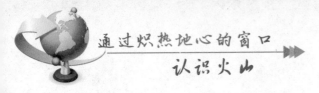

达 4000 米，它是 30 ～ 50 万年以来上百次玄武岩浆沿裂隙溢流形成的。在肯尼亚西北部，也形成了厚达 1000 米的熔岩台地，其形成时间晚于埃塞俄比亚的熔岩台地，大约形成于 14 ～ 23 万年间，在更晚些时候形成的是响岩，在 11 ～ 13 万年间形成了长达 300 千米的响岩熔岩台地。第二种是中心式喷发，多分布在裂谷带的边缘，主要的活火山有扎伊尔的尼拉贡戈山、尼亚马拉基拉山，肯尼亚的特列基火山，莫桑比克的兰埃山和埃塞俄比亚的埃特尔火山等。有的火山喷发只生成了爆裂火口，或成火口洼地，或是火口湖，如恩戈罗恩戈罗（坦桑）火口洼地直径达 19 千米，面积 304 平方千米。

现代火山活动中心集中在三个地区，一是乌干达 - 卢旺达 - 扎伊尔边界的西裂谷系，自 1912—1977 年就有过 13 次火山喷发，尼拉贡戈火山至今仍在活动；二是埃塞俄比亚阿费尔（阿曼）坳陷的埃尔塔火山和阿夫代拉火山，自 1960—1977 年曾发生过多次喷发；三是坦桑尼亚纳特龙（坦桑）湖南部的格高雷裂谷上的伦盖（坦桑）火山，自 1954 到 1966 年曾有过多次喷发，喷出岩为碳酸盐岩类，有较高含量的碳酸钠，为世界所罕见。位于肯尼图尔卡纳湖南端的特雷基火山在 80 ～ 90 年代间也曾多次喷发。现代火山活动区，温泉广泛发育，火山喷气活动明显，多为水蒸气和含硫气体，这是火山现今的活动迹象。

知识小百科

尼拉贡戈火山

尼拉贡戈火山是非洲最著名的火山之一，位于刚果北基伍省省会戈马市以北10千米，南纬1.52°，东经29.25°，海拔3469米，是非洲中部维龙加火山群中的活火山，也是非洲最危险的火山之一。尼拉贡戈火山火山口直径2000米，深244米，底部有熔岩平台和熔岩湖。1948年、1972年、1975年、1977年、1986年、2002年都发生过猛烈喷发。其中，1977年1月火山喷发在近半小时内共造成约2000人死亡。

戈马市为刚果（金）东部旅游城市，在基伍湖北岸。城市建立在火山爆发后形成的坦平岩石上，背山面湖，风景优美，尤以火山风光著称。登上戈马山峰，既可俯视全市，附近的平湖、奇洞以及壮观的火山景色，也都历历在目。

（4）阿尔卑斯－喜马拉雅火山带

该火山带分布于横贯欧亚的纬向构造带内，西起比利牛斯岛，经阿尔卑斯山脉至喜马拉雅山，全长10余万千米。这一纬向构造带是南北挤压形成的纬向褶皱隆起带，主

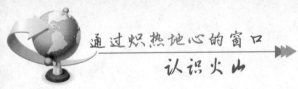

要形成于新生代第四纪。在该带火山分布不均匀，纬向构造带的西段，由于南北挤压力的作用，在形成纬向构造隆起带的同时，形成了经向张裂和裂谷带，如其南侧的纵贯南北的东非裂谷系，顺两构造带过渡段，因断陷而形成了内陆海——地中海、红海和亚丁湾等。这里的火山活动也别具特色，出现了众多世界著名的火山，如意大利的威苏维火山、埃特纳火山、乌尔卡诺火山和斯特朗博利火山等，爱琴海内的一些岛屿也是火山岛，活动性强，据意大利历史记载的火山喷发就有130多次，爆发强度大，特征典型，世界火山喷发类型就是以上述火山来命名的，岩性属于钙碱性系列，以安山岩和玄武岩为主。中段火山活动表现微弱，在东段喜马拉雅山北麓火山活动又加强，在隆起和地块的边缘分布着若干火山群，如麻克哈错火山群、卡尔达西火山群、涌波错火山群、乌兰拉湖火山群、

可可西里火山群和腾冲火山群等等，共有火山100多座，其中中国的卡尔达西火山和可可西里火山在20世纪50年代和70年代曾有过喷发，岩性为安山岩和碱性玄武岩类。

◎中国火山分布

中国现今没有火山活动，但中国新生代是一个多火山的国家，分布有范围广泛的新生代火山岩。中新世中期和第四纪是中国新生代火山活动的两个高峰期，在东部地区和青藏地区均有强烈的火山活动。全新世火山活动减弱，但仍有许多地区的火山活动仍在继续。

我国的火山喷发历史记载有多处，如五大连池、长白山等，在过去300年内都有过喷发。我国还有一些火山已被证实在全新世有过喷发，其中较为确切的有8处。这些都是活火山，只是处于休眠状态。在中国历史上这些活火山的喷发基本上没有造成大的人员伤亡和财产

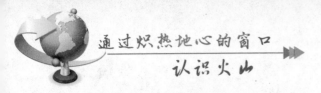
损失，主要是因为这些火山喷发大都发生在人迹罕见的地区。然而，在今天其中很多地区已成为人口稠密的都市或旅游胜地，如长白山天池、五大连池、腾冲和海南等。中国最近一次火山活动是西昆仑阿什火山，在 1951 年 5 月 27 日发生了喷发。

中国火山分布在成因上与两大板块边缘有关：一是受太平洋板块向西俯冲的影响，形成我国东部大量的火山。另一是受印度板块碰撞的影响，形成了青藏高原及周边地区的火山的分布。

中国存在活火山，存在火山灾害的威胁，但人们完全不必为此恐慌。中国火山喷发的可能性很小，几百年才有一次，一个人一生当中未必能遇到火山喷发事件。但也不能麻痹大意，忽视对活火山的监测。然而，在"九五"计划实施之前，由于对我国火山缺乏认识，我国活火山的监测几乎是空白，甚至缺乏火山研究的专业队伍。"九五"期间，

在有关专家的大力呼吁下、在国家和地方政府的大力支持下，这种局面已完全改善，火山监测与研究事业正越来越受到人们的关注。我国现已有3处活火山受到监测，分别是：吉林长白山天池火山、云南腾冲火山和黑龙江五大连池火山。随着科学水平的提高，今后将有更多的活火山受到监测。

（1）五大连池火山群

五大连池火山群，其命名的原因为1719—1721年（清康五十八年至六十年）火山爆发，堵塞白河而形成5个相连的偃塞湖和周围14座火山锥，故称五大连池火山群。其位于黑龙江省北部五大连池市境内，是中国著名的第四纪火山群，属小兴安岭西侧中段余脉。一般认为黑龙江五大连池火山群由14座火山组成，如果包括火山区西部的莲花山，五大连池火山群应由15座火山组成，火山岩分布面积达800多平方千米。其中近期火山包括老黑山和火烧山两座火山。两座火山均由高钾玄武质熔岩岩盾和锥体构成，总面积约68.3平方千米，熔岩盾是火山主体。

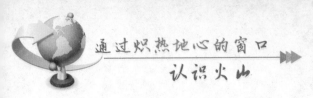
五大连池火山群的喷发时代，从早更新世到晚更新世均有活动。由 12 座老期火山和两座近期火山组成。即：老黑山、火烧山、药泉山、卧虎山、笔架山、南格拉球山、北格拉球山、西焦得布山、东焦得布山、东龙门山、西龙门山、小孤山、莫拉布山、尾山等 14 座拔地而起的独立火山锥，分布在 700 平方千米的熔岩台地上，海拔 355.8 ～ 602.6 米不等。多数有火山口，火山口深度从几十米到百余米不等；少数具有复合的多个火山口和多个溢出口，部分火山口形成火山湖。火山锥体坡度一般为 10 ～ 20 度，少数可达 25 ～ 30 度。火山口内的坡度一般比火山锥体坡度陡。火山锥体主要由火山碎屑物和玄武岩构成。

最近一次火山爆发而形成的老黑山和火烧山，喷发于 1719—1721 年，距今仅 270 年，地质地貌保存完好，熔岩流动景象清晰，地貌复杂多样，形态各异，面积达 64 平方千米，奇丽壮观。地质专家称其是"中国少有，世界罕见"，被誉为"天然火山博物馆"。12 座老期火山已被植物覆盖。其中最高的南格拉球山海拔 602.6 米，山顶有高出地面 70 多

米的火山口天池；龙门山有天然龙门石寨、火山口森林；东焦得布山有熔岩冰洞、火山口风洞；药泉山附近有南饮泉、北饮泉、翻花泉和南洗泉，是全国著名的冷水碳酸矿泉。矿泉水中含有氧、硅、铁、钙、钠、钾、镁等多种元素，饮、洗能治疗胃肠、皮肤、肾炎等多种疾病。黑龙江省各地和省外一些单位已在药泉山东麓建立了50多所疗养院(所)，

加上有独特的火山地质地貌，成为全国驰名的疗养、旅游胜地。同时也是1982年国务院批准公布的全国第一批重点名胜风景区之一。为加强名胜风景区的保护和管理，1983年10月设立了五大连池市，市政府驻药泉山东侧。

五大连池火山群保存完好的火山口和各种火山熔岩构造，如多层流动单元构造、结壳熔岩构造、渣

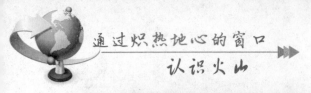

状熔岩构造、喷气溢流构造（喷气锥和喷气碟）、熔岩隧道构造等，以及浩渺的熔岩海，堪称火山奇观，加上区内特有的兼为饮用与治疗的碳酸泉，使其成为旅游观光和治病、疗养的著名火山风景区。

老黑山火山

老黑山海拔 515.5 米，比高 164 米，火口直径 350 米，最深达 136 米，是五大连池火山群中最年轻的火山，熔岩流表面呈棘状突起，喷气锥、喷气孔还未消失，锥体由黑色浮岩组成。老黑山火山并非单锥，而是由先、后不同时期形成的两个锥体叠加组成的复合锥，表明它有两次喷发活动。通过对新发掘出的史料的分析，进一步得出，老黑山火山的第一次喷发时间为1720—1721年，第二次可能为1776年。两次喷发活动的确认为研究老黑山火山喷发历史、喷发过程、喷发危险性评价和灾害预测等提供了新依据。

(2) 吉林长白山天池

长白山是中国东北最高峰，位于吉林省东南边陲，在我国一侧的主峰是白云峰，海拔2691米。长白山天池是火山喷发自然形成的我国最大的火山口湖，也是松花江、图

们江、鸭绿江三江之源。天池水面海拔 2189.7 米，最深处达 373 米。长白山风光奇绝，它那完整的垂直景观和原始生态系统是典型的大自然综合体，是中国最大的自然保护区之一。

长白山天池由 1702 年火山喷发后的火口积水而成，高踞于长白山主峰白头山（海拔 2691 米，为东北最高峰的山）之巅，是中国最深的湖泊。湖面海拔 2155 米，面积 9.2 平方千米，平均水深 204 米，为中朝两国界湖。湖周峭壁百丈，环湖群峰环抱。长白山天池火山是目前我国境内保存最为完整的新生代多成因复合火山，火山活动经历了造盾、造锥和全新世喷发三个发展阶段，三个阶段岩浆成分从玄武质→粗面质→碱流质代表其演化过程。历史上长白山地区有过多次喷发的"史料记载"，1668 年和 1702 年两次天池火山喷发是可信的。通过火山地质学和精细的碳十四年代学研究，全新世以来天池火山至少有两次（公元 1199 年和约 5000 年前）大规模喷发。公元 1199—1201 年天池火山大喷发是全球近 2000 年来最大的一次喷发事件，当时喷出的火山灰降落到远至日本海及日本北部。

1997 年国家"九五"重点项目"中

国若干近代若干活动火山的监测与研究"启动。中国地震局在长白山天池火山区开始了监测和研究工作。经过几年的研究，专家们认为，长

具有再次喷发的危险，其喷发形式为爆炸式，由于天池 20 亿吨水的存在，其喷发具更大的破坏性。"九五"期间，中国地震局、吉林省地震局

白山是一个休眠的活火山，虽然休眠了 300 年，但世界上休眠数百年再次喷发的火山并不少见。地球物理探测表明，长白山天池下方有地壳岩浆囊存在的迹象，长白山天池

在长白山天池建立了火山监测站，包括：数字地震监测台网、定点形变观测系统、GPS 流动观测网、地球化学观测网。"九五"项目的实施结束了对天池火山不设防的局面。

从目前的观测结果看，尚未发现火山复苏的征兆，人们可放心的尽享大自然赐予长白山天池的丰富资源和优美景观。

（3）云南腾冲火山区

云南腾冲火山区地处世界瞩目的阿尔卑斯－喜玛拉雅地质构造带之印度板块和欧亚板块急剧聚敛的结合线上的云南腾冲县，素有"天然地质博物馆"之誉，其地下断层非常发育，岩浆活动也十分剧烈，为我国最著名的火山密集区之一。境内分布着大大小小、高高矮矮的火山，构成了一个庞大的火山群景观。

海拔 2614 米的温泉火山群位于云南腾冲县城西 10 千米，属新生代火山区，是我国目前保存最完好、最壮观的火山群之一。打鹰山火山，为高锥状火山，周围排列着 70 多座火山，形成一组庞大的火山群。打鹰山北还有大空山、小空山、黑空山、城子楼等火山喷发口，喷发面积约30平方千米。火山口附近有许多浮石、火山弹及火山爆发流出的熔岩流。云南腾冲更由于火山众多，而被人们誉为"火山城"。

据科学工作者考查，在县城周围100多平方千米的范围内，就分布着大大小小70多座形如倒扣铁锅的火山。腾冲县城即座落在来凤山火山流出的熔岩之上。城北10千米的打鹰山是"火山之冠"，海拔2614

米，相对高度640多米，火山口直径为300米，深100多米。有的火山，300多年前还在喷发，在县城西北10多千米的马站村附近，黑空山、大空山火山群自北向南呈一字形排列，间距均在1000米左右。区内共有休眠期火山97座，其中火山口保存较完整的火山达23座，主要集中分布在和顺、马站一带。区内火山类型多样，火山堰塞湖、火山口湖、

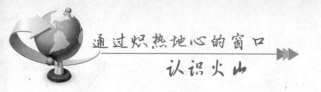

熔岩堰塞瀑布、熔岩巨泉等景观十分丰富，构成中国规模最大的休眠期天然火山博物馆。

如果旅客漫步到火山口附近，还可以捡到灰、红、黑等颜色的火山石作纪念。这种火山石的比重很轻，人称"浮石"。一个人可以轻轻地举起很大的一块，投入水中还不会下沉。人们所说"石沉大海"的自然规律，在这里并不灵验。到云南腾冲火山旅游，既可以领略到大自然的神秘和奇异，还可以体验到探险家的快乐和满足。

（4）黑龙江镜泊湖火山

镜泊湖火山位于黑龙江镜泊湖西北约50千米，在张广才岭海拔1000米的深山区。在方圆20千米范围内有内岩壁陡峭形状不同的七个火山口连在一起，在3号与4号火山口之间，有熔岩隧道相通。镜泊火山是爆发的休眠火山。经千万年沧桑变化，成为低陷的原始林带，故称火山口原

始森林。这些火山主要由火山弹、岩饼、火山渣、浮岩、火山砾、火山砂等火山碎屑岩和熔岩组成的火山锥体，熔岩分布于火山口周围，大量填充于河谷。

黑龙江镜泊湖火山共有13个火山口，均为复式火山，其中火山口森林地区包括火山口森林火山、大

干泡火山、五道沟火山、迷魂阵火山等4个复式火山。这些火山主要由火山弹、岩饼、火山渣、浮岩、火山砾、火山砂等火山碎屑岩和熔岩组成的火山锥体、熔岩分布于火山口周围，大量充填于河谷。

根据火山口地质特征、喷发物空间分布规律及相互关系和碳十四

测定结果，镜泊湖晚期的全新世火山活动可划分为3个活动期。蛤蟆塘火山和大干泡火山渣层之下的炭化木碳十四年龄分别为距今3490年和2470年，代表镜泊湖全新世第一期和第二期火山喷发活动时间，其喷发时间间隔约1000年。在大干泡火山渣之上存在两层玄武岩，代表2470年之后镜泊湖第三期火山活动的产物，但现在还缺乏年代学方面的证据。推测镜泊湖全新世火山最晚一期活动可能在1000年左右，这就需要对大干泡火山渣之上的两层玄武岩年龄的直接测定或寻找其下的炭化木进行碳十四年龄测定。从现有的火山地质和年代学证据来看，镜泊湖发生的全新世火山喷发活动是没有异议的。

镜泊湖全新世火山喷发和熔岩流造就了现代火山景观（包括火山口森林、熔岩隧道、吊水楼瀑布），并与早期的火山堰塞湖－镜泊湖一起组成著名的火山风景区。

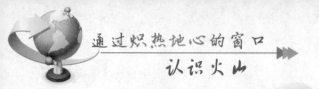

4号火口之间的一个宽约5～10米，高2.5～6米通道的美称。根据通道顶、壁尚存的熔岩乳滴，推测原为3号火口的一个熔岩隧道。

（5）海口马鞍岭火山口

马鞍岭，位于琼山市府城镇西南约14千米处，海口市西南18千米处。由于组成这座山岭的两个火山口，前峰高些，后峰低些，两峰腰间相接，远视酷似马背上的鞍子，故得名"马鞍岭"。马鞍岭火山口是琼北地区最高点，海拔222.8米，内口直径130米，深90米。据说马鞍岭是我国地质年代最新、世界上保存最完整的死火山口之一。整座火山远看呈双锥形，中间凹陷，突起的南北两峰，分别叫风炉岭和包子岭，远远望去，蓝天白云下，横摆着一架硕大的"马鞍"，气度不凡，当地人形象地叫它"马鞍岭"。火山口公园

附近处有小北湖、鸳鸯池及熔岩洞等景观，构成奇特的熔岩风光。位于熔岩流下游的吊水楼瀑布，瀑布落差60余米，是镜泊湖的著名风景点。熔岩隧道是镜泊晚期河谷熔岩的主要特征之一，正逐步开辟为旅游观光景点。从火山口森林地区至湖南屯26千米长的范围内，发育了很多地下熔岩隧道，单个延伸最长者近2000米。"洞天一品"是当地旅游局给位于火山口森林地区的3、

就是以这个火山为主体建设的天然博物馆。

马鞍岭的前峰是个大火山口，四周呈圆形，上面有三个小山峰，活似炉灶，当地人便叫它风炉岭。风炉岭左边不远处有个小石庙，据说是道光四年所盖。风炉岭有个火山口，直径222.2米，深90米，洞底无积水，游客顺着螺形小道可进入洞底。根据科学考证，这个火山口约是一万多年以前，火山爆发而形成的。虽经长年累月风雨的冲洗，洞口积泥生草，然而，它熔岩完整，轮廓清楚，风化微小，喷火方向分明，是世界上保存得完整的死火山口。在火山口下，有几十个奇洞，相传是72个。这些石洞，有的象互相连接的蜘蛛网；有

的象宽阔的地下餐馆；有的好比离奇的古堡宫殿。在这些千姿百态的奇洞中，要数卧龙洞和仙人洞最为壮观。卧龙洞长3000米，宽10米，高7米，可以同时开进两辆大卡车，容纳10000多人。洞里道路平坦，夏凉冬暖，洞壁光滑发亮。仙人洞从地面纵看，象一座座并列的人工拱桥。洞里有洞，洞外有天，日照充足，空气清凉。洞里的悬石，似落非落，令人惊叹。洞壁上沾满着珊瑚状的熔岩，时而穿插着水汶般

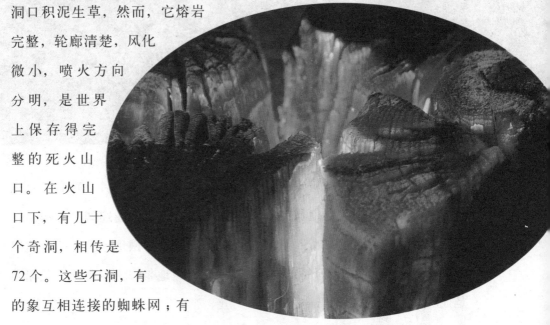

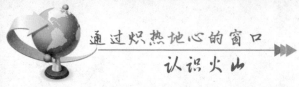

的岩浆流迹，使不少地质专家感到新鲜和兴趣。美国一位地质专家进洞考察后，连声赞道："天下奇洞"，在玄武岩地区产生如此奇特的岩洞，是他从事地质考察以来第一次所见。

在马鞍岭游览，尚有一大乐趣，那就是品尝遐迩闻名的石山壅羊。马鞍岭周围地区称石山，这里属死火山地带，土地肥沃，花繁草茂，灌木丛生，山羊的天然食物充足。

当地人养羊，自羊羔起便置于笼架中，令脚不接触地面，羊肉味道异常香甜鲜美。人们用上当地特制佐料，采用北京东来顺"涮羊肉"吃法，吃来不膻不腻，非常可口，因此，倍受游人欢迎。今马鞍岭脚下，经营羊肉餐的园林式馆亭有好几家，当你爬山穿洞，观赏火山遗址奇景之后，再来饱尝一顿鲜美可口的石山壅美肉，的确是余味无穷。

（6）可可西里火山区

昆仑可可西里火山区是新疆南部、西藏北部、青海西南部一带分布的新生代火山岩区。经 1976 年以来的青藏高原、可可西里等考察和区域地质测量，以及航空照片判读，共发现不下于 10 个火山群。其中重要的有：①泉水沟火山群，位于新疆阿克塞钦湖东北约 40 千米，临近昆仑山脉南麓，可能有 4 个火山锥和一片熔岩被；②乌鲁克库勒火山群；③普鲁火山群，出露于新疆于田县西南约 70 千米的普鲁村北 8～12 千米的克里雅河两岸，熔

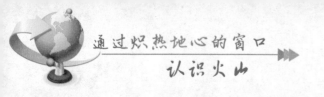

岩流可见两层，上层厚 15～20 米，下层厚 5～7 米，中央 2～4 米的古河床堆积；④黑石北湖火山群；⑤黄羊岭火山群，位于黑石北湖火山群东北，乌孜塔格山南麓，北纬 36°17′，东经 83°45′；从航空照片上可看出，火山体沿山麓一字排开，并见到明显的火山锥、火山口；⑥巴毛穷宗火山群，位于藏北高原腹地，北纬 34°50′，东经 87°5′；为一片面积 300 平方千米的熔岩被，由于受强烈剥蚀，形成熔岩桌状山；有两个火山锥，北者高 163 米，南者为 182 米；⑦喀拉木兰山口附近火山群，位于北纬 35°40′～36°10′，东经 86°20′～87°10′间；在山口西南有涌波错、振泉错、强巴欠日三

处熔岩被，面积为 10～100 平方千米；在山口之北有木孜塔格、雄鹰台火山岩被，

后者面积 114 平方千米，厚约 200 米；⑧玉液湖火山群，北纬 36°0′～36°30′与东经 88°30′～89°0′之间，为大片熔岩被；⑨冬布勒山火山群，1990 年 9 月中旬，斯文赫定在北纬 35°，东经 89°处发现大片火山岩，未见有火山锥；并于北纬 35°、东经 89°～90°之间南侧发现 4 片安山岩露头；⑩米提江占木错火山群，位于青海省西南角，在湖区北部为大片熔岩被，所占面积近 4000 平方千米，为含透长石的玄武岩、安山岩，厚 400 米。

（7）基隆火山群

基隆火山群分布于台湾东北部九份、金瓜石一带。属中国太平洋西岸岛弧区的活火山带。由太平洋板块和欧亚板块缝合线上即撞击区熔岩囊物质涌出所致。共有 16 座火山，高 1100 米，以七星山为最高（1114 米）。火山岩体包括基隆山、新山、牡丹坑山、塞连山、金瓜石本山、草山、鸡母岭等火山体。其中草山和鸡母岭为喷出岩体，其它为侵入岩体受侵蚀后而露出于地表。这一带的火成岩以安山岩和（石英）安山岩为主，而安山岩中的石英可能是原本的由沉

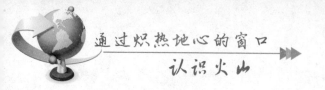

质现象，造成金属元素的沉淀分离，于是有热液流过的地方，地矿产资源丰富，且主要产的是金银与金铜矿等稀有金属及重工业的金属原料。

（8）大屯火山群

巍峨壮丽的大屯火山群位于台湾省北部，北临太平洋，南接竹东丘陵，西南与台北盆地相连，面积430平方千米，地域覆盖了台北市和台北县。大屯火山群与北投温泉、士林、阳明山构成台湾北部著名风景区。大屯火山群地处"太平洋火圈"上，是台湾最著名的火山区。大屯火山群是台湾火山地形保存最完整的地区，它像一部地质百科全书，记录了台湾数百万年来大自然的沧桑变迁。

积岩中石英粒之残余捕获混染物，经过后来进入的热液充填入而形成的。这里的热液换质现象明显，有硅化带、粘土化带、青盘化带等换质现象，而且沿着岩脉附近热液侵入造成矿化作用明显。经过热液换

大屯火山群是由火山反复喷发而成的。火山群范围南至台北盆地北缘，此至富贵角、石门和金山一带海岸，东至基隆市西，西至淡水河口附近，其中海拔逾千米的山峰有29座。大屯山火山口直径360米，

深60米，雨季积水成湖，旧有"天池"之称。其东北的小观音山火口最大，东西1100米，南北1300米，深达300米。各火山属于死火山，已无喷发活动，但多硫气孔和温泉。

大屯火山群形成于280万至20万年前之间，属于比较年轻的火山群。根据地质学的板块构造学说，

台湾位于欧亚大陆板块和菲律宾海板块的交接处，这两大板块曾经发生剧烈的推挤，地质学称之为板块隐没带。280万年前，大屯火山区正好处于板块隐没带上方，岩浆顺着断裂的缝隙喷涌出来，形成了惊天动地的火山爆发。这一地区的火山爆发持续了200多万年，直到20万

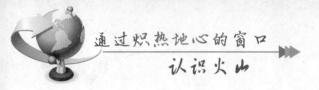

年前才停止，共造出20座火山，形成了范围广大、地形变化丰富的大屯火山群。

台湾大屯火山群由七星山、大屯山、竹子山、观音山等20座火山组成，是我国火山最密集的地区。七星山位于中央位置，海拔1120米，是大屯火山群的最高峰。站在七星山山顶，可以环视四周的火山群峰，辨认各座火山的特殊山貌。

喷出地面的岩浆冷凝后，堆积成一座座火山体。大屯火山群的火山体可分为两类。第一类是锥形火山，由喷发的熔岩和碎石堆积而成，通常高峻、陡峭、雄伟。大屯火山群中的大部分火山都是锥形火山，七星山是这类火山的代表；第二类是钟形火山，它是由黏度大、流动慢的熔岩堆积而成。因为熔岩流动缓慢，所以堆积较为低缓，火山外形似钟状，位于大屯山南侧的面天山是这类火山的代表。

站在大油坑爆发口附近，人们至今可以看到喷气孔奇观。突兀凹陷的山壁、震耳欲聋的喷气声、弥漫四野的烟雾，让人们强烈地感受到火山爆发的巨大威力。其实，这只是火山爆发后的地热现象。不少地质学家认为，大屯火山群似属于休眠状态的火山。

（9）大同火山群

大同火山群位于山西省北部，

大同盆地东部，距大同市约 30 千米，火山群面积约 700 平方千米，有 22 个火山锥，锥体大部是由熔岩和火山碎屑物组成的层状火山锥，熔岩主要为碱性橄榄玄武岩，测得的同位素年龄最老为 985 万年，一般为 40～54 万年，最年轻的热发光年龄为 98 万年，故喷出活动自早更新世开始，以中更新世为主，并持续到晚更新世。火山喷出物常夹于更新世古大同湖的湖相沉积物中，也见于古桑干河的冲积物、风积物、坡积物以及黄土层中。

大同火山群是我国第四纪火山群之一。目前已知的有 30 多座，主要分布于大同盆地东部，可以划分为东、西、南、北四个区。大同地区这类火山共有 30 多座，分布在山西省大同市、县和阳高县境内，具体分为东、西、南、北四个区：一、东区指瓜园、神泉寺一带，有肖家窑头、鹅毛疙瘩等 6 座。二、南区在桑干河与六棱山之间，包括大峪口、西窑等 5 座，是因玄武岩流沿断裂喷出而成。三、西区是大同火山群中最为集中和较复杂的一区，黑山、金山、马蹄山、阁老山等 15 座属之。黑山规模最大，呈扁平穹

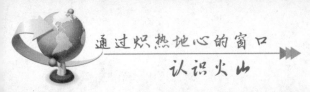

窿状；狼窝山范围最广，火山口直径500米，西北有缺口；四、北区以大同市北的孤山为代表，包括其西南的6座小火山。孤山形似面包，海拔1182米，兀立于御河谷地中。

根据火山外部形态特征，可将火山分为四类：一是穹隆状的，由玄武岩流组成，没有火山口，如孤山和峨毛疙瘩等。二是壳状的，由玄武岩组成；如肖家窑头火山和大辛庄火山等；三是半圆形的，系火山喷发物沿山前裂隙喷出，依山坡流动而成；四是马蹄状的，由玄武岩流、火山碎屑互层组成，火山形成后，流水切穿火山口，形如马蹄状，如东坪山、金山等。上述除马蹄形火山已被冲涮切穿外，其余的仅在锥体四周有窄而浅的沟谷，说明火山地貌还处于侵蚀初期。由火山喷发物与上覆下伏地层接触判断，大同火山群是上新世末、晚更新世马兰黄土堆积之初多次活动的产物，最早活动的是北区、东区，南区次之，西区最新。

（10）龙岗火山群

龙岗火山群是中华人民共和国吉林省辉南县、靖宇县和抚松县境内的一个火山群，其地理位置为东经127°，北纬43°。这个火山群共有260多个火山锥，分布在2000平方公里的面积上，是中国境内火山锥密度最高的火山群。火山锥的高度在200至400米之间。整个

火山群是在更新世晚期至中新世中期形成的，虽然目前处于休眠状态，但是理论上依然有恢复活动的可能性。1992年这个火山群的部分地区被设立为龙湾群国家森林公园。

龙岗火山群位于吉林省靖宇县和辉南县境，有170余座火山，除8个火山口湖外，其余为火山渣锥。地处北纬42°07′～42°34′，东经126°10′～127°间，东西长70千米、南北宽20千米，总面积约1400平方千米。火山锥共有160多个，一般海拔800米。自新生代以来，

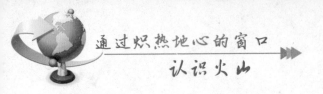

该火山群共有七次重要的喷发活动。最早一次为上新世，喷出船底山玄武岩，厚达600米；第二次为早更新世早期，喷出巴厘玄武岩，厚仅80米；第三次在早更新晚期，称小椅山玄武岩，组成龙岗火山群的玄武岩台地；第四次喷出大量熔渣锥；第五次喷发于晚更新世，为一厚度不超过2米的新开岭火山渣层；第六、第七两次发生于全新世，第六次为四海火山渣层，其碳化木不大于200年，即乾隆、嘉庆年间；最后一次喷的是钢灰色玄武岩。

龙岗火山群在大龙湾火山口湖边沿，首次在我国玄武质火山爆发中发现火山碎屑流状堆积物。大约20万年前，这里密布的火山爆发后形成了众多火山口湖，平均水深50米左右，最深处达100米，湾水碧蓝如玉，形态景致各异，似颗颗明珠散落在崇山峻岭之中。其数量之多，分布之集中，形态之炯异及保存程度之完整，居国内首位。据初步认证，该龙湾群是目前国内所发

现的最大的火山口湖群。被誉为"长白山小天池"。

（11）琼北火山

雷琼地区是华南沿海新生代火山岩分布面积最大的一片火山岩，火山活动始于早第三纪，延续至全新世。火山岩面积达7300平方千米，可辨认的火山口共计177座，海拔均低于300米。这里的火山锥体保存完好，火山口轮廓清晰，熔岩流边界明显可辨，裸露于地表的各种火山喷发物，如火山渣、火山弹和熔岩流的流动构造都保存极好，雷虎岭和马鞍岭即为典型的现代火山口。许多研究者也都根据火山的地形、地貌和地层学关系等研究将雷虎岭－马鞍岭火山置于全新世火山。雷虎岭－马鞍岭火山距离海南政治、经济、文化中心海口市仅15千米左右，所以成为较典型的城市火山而备受关注。

海南岛北部（琼北）地区自新生代以来，计有10期59回的火山喷发活动，形成大小不一、形态各

的火山呈完整的锥形犹如金字塔（美安镇的美本岭），有的火山两两相连或单一火山在山顶形成缺裂火山口，远望形如马鞍（石山镇的马鞍岭）；有的火山口则为玄武岩台地上的圆形凹地，称负火山口（永兴镇的罗京盘）；有的火山口内又形成新的火山而称为复合火山（石山镇的吉安岭）；有的火山完全由一块一块的岩石堆积而成为集块火山（儋州峨蔓岭）；有的由熔岩喷溢而形成盾状火山（临高多文岭和永兴镇的永茂岭）；有的火山口内呈阶梯状，而底部宽广平坦，犹如赛马场或大型露天演艺广场（永兴镇的雷虎岭）；有的火山口内储水形成火山口湖，并两个相连，犹如一对美丽的眼睛（石山镇的双池岭和好秀岭，为中国少有的玛珥火山）。火山区内数十条火山熔岩流通道或呈管道状、或呈隧道状、或为层状、或为分叉

异的火山100余座，火山熔岩分布于海口、琼山、文昌、琼海、定安、澄迈、临高、儋州等八个市县及洋浦开发区，面积约4000平方千米，是我国历史上火山活动最强烈、最频繁以及持续时间最长的地区之一。

与国内其他火山区相比，海南岛火山喷发不仅有陆相（喷发于陆地）喷发，还有海相（喷发于海底）喷发，因此而成为我国火山类型最多，火山喷发景观最丰富，火山熔岩隧道最长、数量最多的地区。有状，各具特色，而其规模之大、洞中之奇，乃世界火山区中罕见。此外，由火山熔岩形成的柱状节理（主要分布于琼海和文昌）、火山颈（位于洋浦北神头风景区）、天然井、天然拱桥、断层瀑布、气洞、气管、熔岩钟乳、熔岩墙以及泡状、流纹状、枕状、面包状、鼻状、绳状熔岩（以仙人洞和石山荣堂的"七十二"洞为代表的火山熔洞景观）和浮石（可在水面上飘浮的火山石）更是千姿百态、神奇无比。种类多样、千姿百态的火山及火山喷发景观集中于一个地区，且具备良好的自然性、典型性、稀有性、完整性和优美性，这在世界上实属少见，堪称琼北地区最具特色，最具优势，也最具规模的生态旅游资源。

距离海南政治、经济、文化中心及交通枢纽的海府地区仅约15千米的马鞍岭－雷虎岭火山群是琼北火山区喷发年代最新（距今约1万年）的火山群，在数十平方公里的范围内分布有38座形态完整的火山和三十余条火山熔岩隧洞，实属国内外罕见。而更为罕见的是在马

鞍岭火山群区，尚保存有一片面积约3平方千米的热带原生林，生长有百年以上的古榕树群和原始珍稀植物，以及黄 、野猪、山鸡、蟒蛇和各种鸟类等国家级保护动物，形成完整的热带生态动植物群落。这里遍地的野花异草点缀其间，焕发出一种枯木逢春勃勃的生机。火山与森林本来是两种不能同时共存的自然资源，但在范围内的岩溶渣石上却生长了千姿万态的古老树木，丛林覆盖达90%以上，这种奇特的资源景观，是国内比较罕见的风景旅游资源，具有很高的观赏和科研价值。

海底火山分布

◎世界海底火山

海底火山的分布相当广泛，据统计，全世界共有海底火山约20000多座，太平洋就拥有一半以上。大洋底散布的许多圆锥山都是它们的杰作，火山喷发后留下的山体都是圆锥形状。这些火山中有的已经衰老死亡，有的正处在年轻活跃时期，有的则在休眠，不定什么时候苏醒又"东山再起"。现有的活火山，除少量零散在大洋盆外，绝大部分在岛弧、中央海岭的断裂带上，呈带状分布，统称海底火山带。太平洋周围的地震火山，释放的能量约占全球的80%。海底火山，死火山也好，活火山也好，统称为海山。海山的个头有大有小，一二千米高的小海山最多，超过5000米高的海山就少得多了，露出海面的海山（海岛）更是屈指可数了。美国的夏威夷岛就是海底火山的功劳。它拥有面积1万多平方千米，上有居民10万余众，气候湿润、森林茂密、土地肥沃，盛产甘蔗与咖啡，山清水秀，有良港与机场，是旅游的胜地。夏威夷岛上至今还留有5个盾状火山，其中冒纳罗亚火山海拔4170米，它的大喷火口直径达5000米，常有红色熔岩流出。1950年曾经大规模地喷发过，是世界上著名的活火山。

知识小百科

全球最为壮观的海底火山

（1）夏威夷摩罗基尼坑火山口。位于夏威夷毛伊郡的摩罗基尼坑火山口是一个新月形的"岛屿"，深受潜水爱好者和海鸟的喜欢。也许你并不知道，它过去曾是一个圆圆的火山口。我们可以想象一下这座海底火山的活动处于巅峰的情景，它通过不断喷发形成了许多新的岛屿。

（2）美国加州莫洛岩石。莫洛岩石属于一

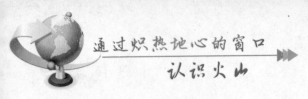
组形成于距今二千万年前、称为"九姐妹"的火山栓。海底火山的喷发造就了莫洛岩石，喷涌而出的熔岩一旦接触到海水，便会形成固体外壳，紧紧堵住火山口，就像葡萄酒瓶口的软木塞。由于此时火山并没有刚喷发时那么活跃，不可能产生像刚刚打开香槟酒时的那般景象。莫洛岩石在16世纪被葡萄牙探险者称为"El Morro"（葡萄牙语鹅卵石的意思），那时，火山口依旧清晰可见。今天，火山喷发不断改变莫洛岩石的外形。

（3）冰岛埃尔德菲尔火山。冰岛是一个海底火山喷发并不常见的国家。作为维斯曼纳亚群岛上最大的一个岛屿，黑迈伊岛1973年曾见证了其历史上最为壮观的火山喷发，埃尔德菲尔（Eldfell，有"火焰山"之称）火山喷发的熔岩险些阻塞黑迈伊港口。位于黑迈伊岛东北角的这座火山看上去就像

冰山的一角，让他们不禁想知道是否还有更多淹没于海中。

（4）苏特西岛海底火山。有时，火山喷发会形成一个全新的岛屿，例如冰岛的苏特西岛。现在，苏特西岛是地质学家、植物学家和生物学家从事各自研究的理想地点，已被联合国教科文组织宣布为世界遗产地。

（5）新西兰兄弟火山。兄弟火山是活跃的克尔玛德克岛弧的一部分，位于海平面以下 1850 米处。克尔玛德克岛弧处于新西兰东北 400 千米处。令人惊讶的是这座海底火山直径 3000 米的火山口，火山口是由一次火山喷发造成的，两侧高 300 米至 500 米，形成于距今 3.7 万至 5.1 万年前。

（6）日本 NW—罗塔 1 火山。NW—罗塔 1 火山喷发或许是历史上人类捕捉到的最为壮观的海底火山喷发画面。NW—罗塔 1 位于日本南部海底，于 2006 年 4 月喷发，当时，伍兹霍尔海洋生物研究所的水下机器人在例行检查中通过摄像机捕捉到火山喷发画面。而在这之前，科学家从没有如此近距离地观测到海底火山喷发，更何况

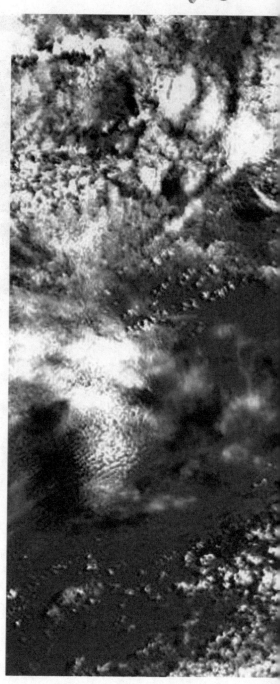

是拍摄到视听录像了。

伍兹霍尔海洋生物研究所负责科学探索的科学家威尔·塞勒斯在回忆起这段经历时说："当时有几个瞬间可怕极了。大量气体从火山口喷涌而出。你可以想象一下，海面会是怎样的一番情景，即便是它没有承受来自上面的成吨海水的压力。火山喷发的规模庞大。你根本无法在靠近火山口附近的地方站住，遇到这种情况，人们的一般反应是，'你相信我们可能会在这儿吗？'"

（7）海利火山。海利火山是克尔玛德克岛弧上的另外一个大型海底火山。

（8）加勒比海基克姆詹尼海底火山。基克姆詹尼是加勒比海海底一处活火山的名称，位于格林纳达以北8000米处。从1939年人类首次记录基克姆詹尼火山喷发，到2001年最后一次喷发，在这40多年间，基克姆詹尼火山喷发了12次。今天，当局在基克姆詹尼火山周围5000米设立了一个安全区，阻止喜欢冒险的潜水爱好者靠近。

◎中国海底火山

全世界的活火山有 500 多座，其中在海底的近 70 座，即海底活火山约占全世界活火山数量的 1/8。海底活火山主要分布在大洋中脊和太平洋周边区域。大洋中脊在大洋中部，是屹立于洋底的大型山脉。它是海洋板块的生长点，是新洋壳产生的地带。大样板块物质从这里通过岩浆喷溢的形式不断产生，并向两侧朝大陆方向缓慢移动，也逐渐固化和变老。

大洋边缘的海底火山，特别是西太平洋的边缘，由于大洋板块较重，大陆板块较轻，大洋板块俯冲到大陆板块之下，形成岛弧，岛弧

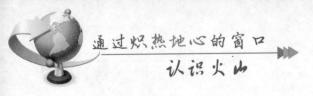
往往有火山活动，有些在岛上喷发，有些在海底喷发。台湾岛和澎湖列岛就是位于西太平洋的岛弧上，故有众多火山。

大洋中脊是地壳最活动的地带，当熔融岩浆经过地幔沿着裂谷喷溢，就产生海底火山爆发。熔融岩浆冷却后就在洋脊裂谷两侧出现新火山。

我国陆地上的火山已经有较多记载，如雷琼（雷州半岛和海南岛）火山群、长白山火山、藏北火山及大同火山群等等。在我国海底，同样有火山存在。

台湾自8600万年前就开始有火山活动。断断续续的火山活动，在台湾岛的北端、东边和南部留下不同时期喷发的火山。台湾东南海上的绿岛、蓝屿、小蓝屿，台湾北部外海的彭佳屿、棉花屿、花瓶屿、基隆到和龟山岛等，原来都是300万年以来因海底火山喷发形成的。后来经地壳运动和海平面变化，才由海底火山变为火山岛。又如澎湖列岛，除花屿以外的63个岛屿都是火山岩构成的岛屿。从火山岩层之间夹有海里生长的贝壳和有孔虫化石，说明澎湖列岛的火山也是在浅海环境喷发而成的。钓鱼岛也是由火山岩组成的。台湾海外，可能还有未出露的海底火山。

西沙群岛的高尖石——海底火山的露头。高尖石位于西沙群岛东部东岛的西南方14000米的东岛大环礁西缘。这个面积不足300平方米、呈4级阶梯状的小岛，实为海底火山的露头。在岩石鉴定中发现，在火山碎屑岩中夹有珊瑚和贝壳碎屑。可以想象在200万年前，地动海啸，热气浓烟冲出海面，在上空翻腾，震撼着西沙海区。据岩层倾向分析，当时的喷发中心在高尖石的东北方。估计附近海底会有海底喷发的枕状熔岩。高尖石只是由火山碎屑物组成的火山锥体的残留部分。　南海深海盆的海底火山。南海深海盆是南海海底扩张形成的。在

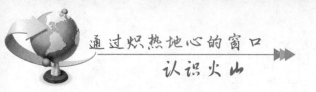
距今 3200～2300 晚年期间，由于这里洋壳底部熔岩上溢，火山喷发，形

北纬 15 度附近为扩张轴，朝南北方向扩张，也带来海底火山活动，形成第二期海底火山。如黄岩海山、珍贝海山等。据中国与美国的海洋科学家联合在南海中央海盆探测，使用先进的地质拖网技术，在南海深海盆底的海山上，刮到火山岩石，这是有力的证据，足以证明南海深海盆存在着海底火山。

成早期海山如长龙海山、中南海山等。之后，约在 2300～1700 万年期间，南海海盆沿

宇宙火山分布

◎月球上的火山

虽然在月球上没有类似夏威夷或圣·海仑那样的火山。然而，它的表面却被巨大的玄武熔岩（火山熔岩）层所覆盖。早期的天文学家认为，月球表面的阴暗区是广阔的海洋，因此，他们称之为"mare"，这一词在拉丁语中的意思就是"大海"，当然这是错误的，这些阴暗区

其实是由玄武熔岩构成的平原地带。

除了玄武熔岩构造，月球的阴暗区，还存在其他火山特征。最突出的，例如，蜿蜒的月面沟纹、黑色的沉积物、火山园顶和火山锥。不过，这些特征都不显著，只是月球表面火山痕迹的一小部分。

地球火山多呈链状分布。例如安第斯山脉，火山链勾勒出一个岩石圈板块的边缘。夏威夷岛上的山脉链，则显示板块活动的热区。月球上没有板块构造的迹象。典型的月球火山多出现在巨大古老的冲击坑底部。因此，大部分月球阴暗区都呈圆形外观。冲击盆地的边缘往往环绕着山脉，包围着阴暗区。

与地球火山相比，月球火山可谓老态龙钟。大部分月球火山的年龄在 30 ～ 40 亿年之间；典型的阴暗区平原，年龄为 35 亿年；最年轻的月球火山也有 1 亿年的历史。而在地质年代中，地球火

山属于青年时期，一般年龄皆小于 10 万年。地球上最古老的岩层只有 3.9 亿年的历史，年龄最大的海底玄武岩仅有 200 万岁。年轻的地球火山仍然十分活跃，而月球却没有任

何新近的火山和地质活动迹象，因此，天文学家称月球是"熄灭了"的星球。

月球阴暗区主要出现在月球较远的一侧。几乎覆盖了这一侧的1/3面积。而在较远一侧，阴暗区的面积仅占2%。然而，较远一侧的地势相对更高，地壳也较厚。由此可见，控制月球火山作用的主要因素是地表高度和地壳厚度。

月球的地心引力仅为地球的1/6，这意味着月球火山熔岩的流动阻力，较地球更小，熔岩行进更为流畅。这就可以解释，为什么月球阴暗区的表面大都平坦而光滑。同时，流畅的熔岩流很容易扩散开，因而形成巨大的玄武岩平原。此外，地心引力小，使得喷发出的火山灰碎片能够落得更远。因此，月球火山的喷发，只形成了宽阔平坦的熔岩平原，而非类似地球形态的火山锥。这也是月球上没有发现大型火山的原因之一。

月球上没溶解的水。月球阴暗区是完全干涸的。而水在地球熔岩中是最常见的气体，是激起地球火山强烈喷发的重要因素之一。因此，科学家认为缺乏

水分，也对月球火山活动产生巨大影响。具体的说，没有水，月球火山的喷发就不会那么强烈，熔岩或许仅仅是

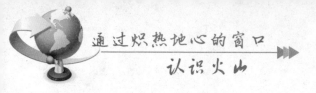

平静流畅地涌出地面。

◎火星上的火山

火星拥有太阳系中最大的盾状火山。同时，科学家还在火星表面发现了大量火山的痕迹，包括火山锥、罕见的帕特拉构造、类似月球阴暗区的火山平原，以及许多其他的细小特征。尽管如此，火星火山的数量却不多，迄今为止，已被命名的火山只有不到20个，而其中，也只有5个呈巨大的盾形。火星火山主要分布在3个地区：塔尔西斯地区最主要的火山群和熔岩平原；伊利齐尔姆地区拥有由3个火山组成的小火山群；还有一些帕特拉构造的火山群则靠近赫拉斯冲击盆地。

与月球火山一样，火星火山非常古老。火星上类似月球阴暗区的平原年龄也在3～3.5亿年之间。不过，火星火山的活动过程似乎较月球更为长久，而且火山活动会随着时间的推移而改变。位于帕特拉构造高地以及火山平原的火山活动，早在3亿年前就停止了，但一些小型盾状火山和火山锥却是在2亿年前发生喷发的。大型的盾状火山更加年轻，它们形成于1～2亿年前。奥林巴斯火山上最年轻的熔岩流仅有2千万至2亿年的历史。不过，这些熔岩流规模很小，或许它们就是火星火山活动的最后喘息记录。因此，今天想

要在火星上发现活火山，机会微乎其微。

　　跟月球一样，火星上也没有板块构造的迹象。这里没有冗长的山脉，没有类似地球的火山分布链。一半以上的火星表面是深深的冲击坑，与月球较远的一侧十分相似。然而，与月球不同的是，大部分火星火山分布在冲击盆地之外。而类似月球阴暗面的火山平原也多数靠近大型火山。这些火山平原的地势较高，但在地势低洼处也有火山平原存在，不过，低地和盆地的地表往往被厚厚的尘埃与沉积物覆盖。这些都是风、冰河以及洪水作用的结果，极有可能掩盖了一些发生在低地的火山痕迹。

　　奥林巴斯火山是一座死火山，它是迄今为止所发现的太阳系中最大的火山。它从火星地表巍峨升起，高达24140米，底部直径达599千米，位于中心的深坑直径也有64千米。

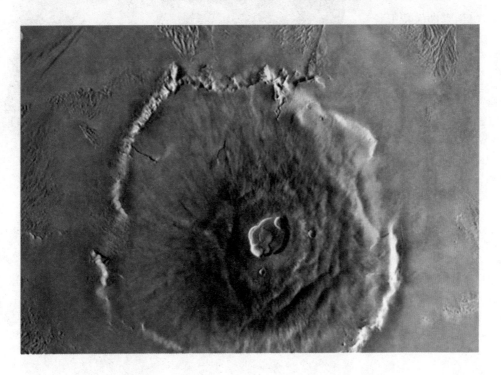

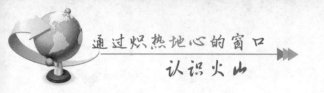
◎金星上的火山

金星地表没有水，空气中也没有水份存在，其云层的主要成分是硫磺酸，而且较地球云层的高度高得多。由于大气高压，金星上的风速也相应缓慢。这就是说，金星地表既不会受到风的影响也没有雨水的冲刷。因此，金星的火山特征能够清晰地保持很长一段时间。

金星没有板块构造，没有线性的火山链，没有明显的板块消亡地带。尽管金星上峡谷纵横，但没有哪一条看起来类似地球的海沟。

种种迹象表明，金星火山的喷发形式也较为单一。同时凝固的熔岩层显示，大部分金星火山喷发时，只是流出的熔岩流。其没有剧烈爆发、喷射火山灰的迹象，甚至熔岩也不似地球熔岩那般泥泞粘质。这种现象不难理解。由于大气高压，爆炸性的火山喷发，熔岩中需要有巨大量的气体成分。在地球上，促使熔岩剧烈喷发的主要气体是水气，而金星上缺乏水分子。另外，地球上绝大部分粘质熔岩流和火山灰喷发都发生在板块消亡地带。因此，缺乏板块消亡带，也大大减少了金星火山猛烈爆发的几率。

金星上可谓火山密布，是太阳系中拥有火山数量最多的行星。业已发现的大型火山和火山特征有1600多处。此外，还有无数的小火山，没有人计算过它们的数量，估计总数超过10万，甚至100万。

金星火山造型各异。除了较普遍的盾状火山，这里还有很多复杂的火山特征和特殊的火山构造。目前，科学家在此尚未发现活火山，但是由于研究数据有限，因此，尽管大部分金星火山早已熄灭，仍不排除小部分依然活跃的可能性。

金星与地球有许多共同处。它们大小、体积接近。金星也是太阳系中离地球最近的行星，也被云层和厚厚的大气层所包围。同地球一样，金星的地表年龄也非常年轻，约5亿年左右。

不过这些基本的类似中，也存在很多不同点。金星的大气成分多为二氧化碳，因此它的地表具有强烈的温室效应，其表面的温度可高达摄氏470度。此外，金星表面气压约为地球海平面气压的90倍。这差不多相当于地球海面下1000千米处的水压。

金星有150多处大型盾状火山。这些盾状直径多在100～600千米之间，高度约有0.3～5千米。其中最大的一座，直径700千米，高度5.5千米。比起地球上的盾状火山，金星火山显得更加平坦。事实上，最大的金星盾状火山，其基底直径已经接近火星上的奥林巴斯火山，但是由于高度不足，体积比起奥林巴斯要小得多。

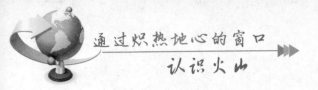

火星盾状火山与地球上的盾状火山有相似之处。它们大都被长长的呈放射状的熔岩流所覆盖，坡度平缓。大部分火山中心有喷射孔。因此，科学家猜测这些盾状是由玄武岩构成的，类似夏威夷的火山。

金星上的盾状火山分布零散，并不象地球上的火山链。这说明金星没有活跃的板块构造。

金星约有 10 万个直径小于 20 千米的小型盾状

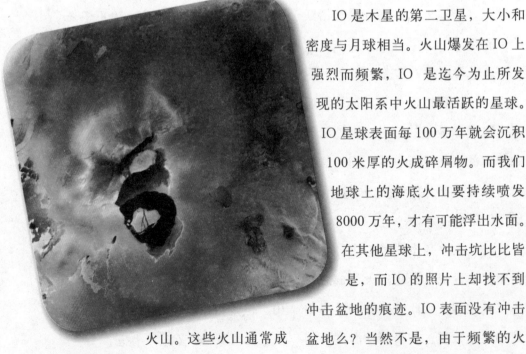

火山。这些火山通常成串分布，被称为盾状地带。已被科学家在地图上标出的盾状地带，超过 550 个，多数直径在 100 ~ 200 千米之间。盾状地带分布广泛，主要出现在低洼平原或低地的丘陵处。科学家发现，许多盾状地带已经被更新的熔岩平原覆盖，因此他们推测，盾状地带的年龄非常古老，可能形成于火山活动初期。

◎ IO 上的火山

IO 是木星的第二卫星，大小和密度与月球相当。火山爆发在 IO 上强烈而频繁，IO 是迄今为止所发现的太阳系中火山最活跃的星球。IO 星球表面每 100 万年就会沉积 100 米厚的火成碎屑物。而我们地球上的海底火山要持续喷发 8000 万年，才有可能浮出水面。在其他星球上，冲击坑比比皆是，而 IO 的照片上却找不到冲击盆地的痕迹。IO 表面没有冲击盆地么？当然不是，由于频繁的火山喷发，冲击坑早已经被火山尘埃所掩盖。

科学家普遍认为，IO 具有层里结构，就象地球的构造。但到底有多少层、这些层又分别由何种物质构成，尚待继续考察研究。木星巨大的引力导致 IO 星球内部升温。大部分热量集中在约厚 50～100 千米的岩流圈。其次，地层的深处，也有一部分热量。岩熔可能发生在岩石圈的基底。

科学家在 IO 星球表面发现了三种地形：

平原：大约 40% 的 IO 星球表面被平原所覆盖，从天文照片上看，这些平原仿佛是浅浮雕，或亮或暗。关于 IO 平原的形成，有两种猜测，一是由火山喷发出的火成碎屑物沉积形成的覆盖层，二是由不同成分、不同年代的熔岩流凝固形

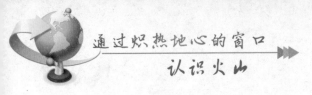

成的。在一些平原的边缘，可以发现层积的迹象。IO平原也包括高原，它们平坦的顶部，部分地区呈现出150～170米的悬崖。这些悬崖是IO星球上的侵蚀迹象之一。

山脉：IO星球上的山脉崎岖而孤立。它们被一块块的平原分隔。山脉面积仅占IO星球表面的2%。一般山脉长度在9千米左右，也有个别的山脉延伸到100千米以外。尽管这些山脉的表层都被硫磺物质覆盖，但它们的起源并不是火山，其年代可能比火山和平原更为古老。山脉上可以发现地质构造和侵蚀过程的痕迹。IO山脉的存在暗示这个星球拥有一个坚硬的岩石圈，其厚度可能达到30千米。

火山：尽管IO星球火山活动活跃，但其火山口地形只占星球表面总面积的5%。迄今为止，科学家已经发现了约500～700个火山口，但是在过去10年间，大部分火山活动仅局限于4个火山口。从这4个火山口爆发的频率和释放的能量都巨大无比。其中，IO星球上最大的火山口直径超过250千米，它靠近IO星球的赤道附近。

低矮、平缓的火山口在IO星球上非常普遍。它们流出的熔岩流常常覆盖了附近巨大的面积，延伸可达到700千米。这种现象说明，IO火山的熔岩黏度低，而喷发速度非常快，天文望远镜曾经观测到IO火山的一次喷发，岩浆喷射高度竟高达140千米，而喷发速度达到每秒500～1000米。

第三章 火山聚焦

现代科学发现表明，许多行星和卫星上都有火山。在太阳系中现在有确实证据证明仍有火山活动的是地球和木星的卫星埃欧（木卫一）。地球上的火山活动平均每年大约有50多次。但是其中大部分都是在海底和人迹罕至的群山中，因此对人类产生影响的火山活动感觉上很少。当火山爆发时，伴随着惊天动地的巨大轰鸣，石块飞腾翻滚，炽热无比的岩浆像条条凶残无比的火龙，从地下喷涌而出，吞噬着周围的一切，霎时间，方圆几十里都被笼罩在一片浓烟迷雾之中。有时候，由于火山爆发，还能使平地顷刻间矗立起一座高高的大山，如赤道附近的乞力马扎罗山和科托帕克希山就是这样形成的；有时候，又能在瞬间吞掉整个村庄和城镇。众所周知，土地是世界上最宝贵的资源，如果火山爆发能给农田盖上不到20厘米厚的火山灰，对农民来说可真是喜从天降，因为这些火山灰富含养分能使土地更肥沃。在这一章，我们将为大家介绍世界上的著名火山，它们或者已经成为当地甚至世界的著名景点，如日本的富士山；或者已经成为人们眼中的奇迹，如每小时准时喷发2～3次，并且已经持续了2000多年，从古代起就被称为"地中海的灯塔"的斯德朗博利火山。

富士山

　　富士山被日本人民誉为"圣岳"，是日本第一高峰。位于本州岛中南部，跨静冈、山梨两县，东距东京约80千米，为富士箱根伊豆公园的一部分。富士山海拔3776米，山底周长125千米，底部直径约40～50千米。山体呈圆锥状，山顶终年积雪，山峰高耸入云，山巅白雪皑皑。富士山顶的火山口地表直径约500米，深约250米。环绕锯齿状的火山口边缘有"富士八峰"，即剑峰、白山岳、久须志岳、大日岳、伊豆岳、成就岳、驹岳和三岳。富士山属于富士火山带，这个火山带是从马里亚纳群岛

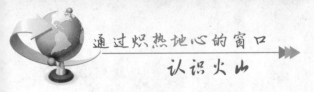

起，经伊豆群岛、伊豆半岛到达本州北部的一条火山链。

富士山山名的发音来自日本少数民族阿伊努族的语言，意思是"火之山"或"火神"。现在，富士山被日本人民誉为"圣岳"，是日本民族引以为傲的象征。富士山山体高耸入云，山巅白雪皑皑，放眼望去，好似一把悬空倒挂的扇子，因此有人用"玉扇倒悬东海天""富士白雪映朝阳"的诗来赞美它。

富士山是世界上最大的活火山之一，自1707年最后喷发以来一直处于休眠状态，但地质学家仍然把它列入活火山之类。富士名称源于虾夷语，意为"永生"。山体呈优美的圆锥形，闻名于世，是日本的神圣象征。由于山人合一的意识存在，每年夏季数以千计的日本人登至山顶神社朝拜。此山也是富士箱根伊豆国家公园的主要风景区。

　　传说富士火山是由公元前286年的一次地震产生的，实际情况比较复杂。关于富士山的地质年龄争论不一，似乎是在第三纪地层基础上的第四纪的建造。最早的喷发及形成的最先山峰可能发生于60万年以前。虽然富士山像是一座单锥型火山，事实上它是3座相互分立的火山：小御岳、古富士及新富士。其中最年轻的新富士第一次喷发活动约在1万年前，以后继续冒烟，或偶而喷发。几千年以来，新富士的熔岩及其他溢流岩把两座老火山峰覆盖住，把山坡扩大到现今的范围，也使山体形成目前的锥形。

　　富士山北坡有"富士五湖"，自东往西是：山中湖、川口湖、西湖、精进湖及本栖湖，都是熔岩流造成的堰塞湖。最低的川口湖海拔831米，因其平静的湖面上映出富士山的倒影而出名。山区旅游业发达，最大的山中湖（6.4平方千米）是最负盛名的旅游区中心。富士山东南是箱根火山森林区，以汤本和强罗两温泉疗养地而著名。富士山区溪流及地下水充沛，有利于造纸与化学工业及农业生产，其他经济活动有养

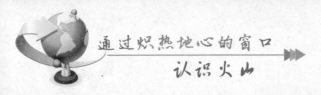

殖虹鳟和乳酪业。

　　圣山周围有许多庙宇和神社，有些神社分布到火山口的边缘和内部。登山活动早已成为宗教行为（虽然直到明治维新时代，禁止妇女登山）。早期登山由一名身著白袍的朝圣者领头，现在是大群前往，每年超过 10 万人，大部分人在 7 月 1 日至 8 月 26 日的登山季节里聚集于此。

　　富士山作为日本的象征之一，在全球享有盛誉。它也经常被称作

"芙蓉峰"或"富岳"。自古以来，这座山的名字就经常在日本的传统诗歌《和歌》中出现。在日本古代诗歌集《万叶集》，有许多与富士山有关的文学作品，其中山部赤人的短歌最为著名："田子の浦ゆ うちいでてみれば 真白にぞ ふじの高岭に 雪は降りける"。能够考证富士山喷发年代的最早的文字记录，是《续日本纪》，书中记录了 781 年（天应元年）从富士山喷出的火山灰。在平安时代初期创作的《竹取物语》也有相关记载可以了解到当时的富士山是一座活火山。

　　绘画江户时代日本著名的浮世绘画家葛饰北斋以富士山为题材创作了 46 幅的连续版画《富岳三十六景》（约 1831 年）。当初画家计划按照题名只画 36 幅，但后来因广受欢

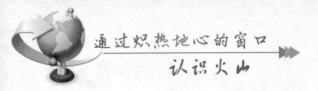
迎，又加画了 10 幅。其中，描绘了富士山雄美壮观的作品《凯风快晴》和《山下白雨》等都广为人知，这两幅画也被人亲切地称为"赤富士"与"黑富士"。(《富岳三十六景》之中，还有一幅描绘海浪的《神奈川冲浪里》的杰作非常有名）。

在富士山山麓周围，分布着5个淡水湖，统称富士五湖，是日本著名的观光度假名胜地。富士山有4个主要的登山口，分别为富士宫口、须走口、御殿场口、富士吉田（河口湖）口等，其中前三个登山入口都在静冈县内。

知识小百科

日本各地存在的乡土富士

利尻富士（利尻岛）	虾夷富士（羊蹄山）
津轻富士（岩木山：青森县）	岩手富士（岩手山：岩手县）
出羽富士（鸟海山：山形县）	吾妻富士（东吾妻山：福岛县）
榛名富士（榛名山：群马县）	伯耆富士（大山：鸟取县）
丰后富士（由布岳：大分县）	萨摩富士（开闻岳：鹿儿岛县）

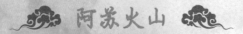
阿苏火山

阿苏山位于九州的中央，北纬 32.88°，东经131.10°。海拔592

米，横跨熊本县和大分县的阿苏国立公园的中心，是包括周长为128千米的辽阔的外轮山，分布着7个村镇及阿苏五岳。阿苏五岳中心就是现在仍间歇喷火的中岳。

阿苏山为世界上少有的活火山，也是熊本"火之国"美称的由来。阿苏山位于日本熊本县东北角，由中岳、高岳、杵岛岳、乌帽子岳、岳根子岳五座火山组成，称为"五岳"，东西宽十八千米、南北长约24千米。由北端的大观峰向南望去，可以一览五座外型完整的火山锥，相当的壮观。

五万年前阿苏火山群结束猛烈喷发后，火山熔岩覆盖整个区域，经过多年侵蚀冲刷而形成全世界最大的火山洼地地形。在众多的层状火山和火山渣锥中只有中岳的火山活动有历史记载。在日本第一次有

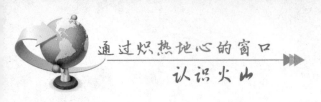

文字记载的火山爆发是在中岳，爆发时间为 553 年。从那以后，中岳已经爆发了 167 次。中岳火山口直径 600 米、深度则为 130 米。滚烫的溶岩温度高达 1000℃，相当炎热，火山口周围是寸草不生，与周边高原一片葱绿形成强烈对比。

中岳是仍然在频繁活动的活火山，不时由火山口喷出浓烟来。海拔 1506 米的山顶弥漫着硫黄气味，

乘缆道登上山顶可近距离地观看南北长约1千米、东西宽约400米的火山口浓烟翻滚的壮观景象。

据GVP／USGS的火山活动周报中报道，阿苏火山群的热活动级别逐年在上升。如2004年1月14日15时41分，其中一个火山口产生了一个新的"泥爆发"，爆发伴随着火山震动和火山灰的散发。火山灰上升到较低的高度后落在了位于火山口东南东10千米的高森镇。火山的警报级别由2级上升至3级，火山口1千米以内的入口被限制进入。

阿苏火山在历史时期没有产生过熔岩流。只有8次爆发引起伤亡。大多数伤亡者是在火山渣锥边上的旅游者，他们是只顾注意在显著位置滑雪撬和滑雪的那些人。

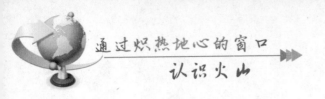
拉基火山

冰岛是个多火山之地，岛上共有100多座火山，其中25座在近代喷发过。危害最严重的一次发生在1783年。当时位于冰岛南部一直休眠的拉基火山突然复活，把一股股火山灰喷射到空中，同时熔岩从火山流出，形成32千米宽的熔岩流，覆盖面积为565平方千米。

拉基火山位于远离居民点的偏远山区，所以没有直接造成人员伤亡。但在数小时的喷发中，冰岛人意识到一场大灾难正在悄悄逼近。火山灰开始雨点般地降落在整个冰岛上，覆盖了地面，抑制了植物生长。庄稼被毁坏，牧场被破坏，11500头牛、28000万匹马和190500只羊饿死。

拉基火山是冰岛南部火山，紧靠冰岛最大的冰原瓦特纳冰原西南端。拉基火山是火山裂缝喷发过程

中形成的唯一显著地形特征，现称之为拉基环形山。该裂缝为东北－西南走向，拉基山把它截为接近相等的两部分。拉基山海拔818米，高出附近地带200米。拉基山并未被裂缝完全绽开。在山坡上裂缝之间只有若干极小的流出少量岩浆的

火山口。火山喷发于1783年6月8日开始，至7月29日只剩拉基山西南面裂缝还在活动。同日，东北面裂缝开始喷发，其后的喷发几乎全在裂缝的这半边。喷发一直持续至1784年2月初，被认为是有史以来地球上最大的熔岩喷发。普遍认为岩浆喷发量约为12.3立方千米，覆盖面积约达565平方千米。大量的火山气体造成欧洲大陆大部分地区上空烟雾弥漫，甚至波及到叙利亚、西伯利亚西部的阿尔泰山区及北非。释放出的大量硫磺气体妨碍了冰岛的作物和草木生长，造成大部分家畜死亡。因烟雾造成的饥荒最后导致冰岛1/5居民丧生。接着来临的冬季对冰岛人来说是严酷难捱的。他们吃完了储备食品，发生了饥荒。全岛五分之一的人口——约9500人活活饿死。

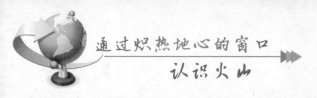

马荣火山

马荣火山是位于菲律宾吕宋岛东南部的活火山，距离菲律宾首都马尼拉大约 500 千米，是世界上最著名的活火山之一。马荣火山是一个活跃的层状火山，也号称是世界上"最完美的火山锥"。它那近乎完美的圆锥形山体，是火山灰和熔岩多次喷发并累积的结果，是世界上

轮廓最完整的火山。日本富士山仅次于它，因此它经常被人拿来和日本的富士山相媲美。近年来，马荣

从火山学的分类来说，马荣火山属于复式火山，对称的圆锥体是经由多次的火山灰和熔岩流喷发、

火山多次濒临喷发，虽然菲律宾政府疏散了附近居民，却反而吸引了许多欲一睹完美火山爆发景象的火山及摄影爱好者。

累积的结果。马荣是菲律宾最活跃的火山之一，在过去400年间爆发了50次。

在地质学上，菲律宾位于欧亚

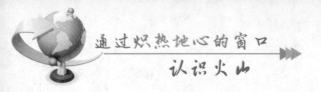

板块和菲律宾板块的交界地带，因为板块挤压作用，较重的海洋板块把较轻的大陆板块往上推，推挤过程中强大的压力及高热使得板块熔化，产生岩浆。因此菲律宾有多达22座活火山，全部分布在环太平洋火山带上。

自有记录以来，马荣火山第一喷发发生于1616年。近400年来，菲律宾阿尔拜省的居民已经习惯了马荣火山喷发所带来的威胁。在这近400年中，马荣火山共喷发了40多次。最近一次活跃期是2006年，共持续4个月之久。当时，大约有3万当地居民被安全转移。马荣火山最具毁灭性的一次爆发发生

于 1814 年，熔岩流掩埋了整整一座城镇，导致 1200 多人死亡。此外，马荣火山还于 1993 年爆发过一次，致 79 人死亡。

菲律宾地理位置恰好处于太平洋的"火山圈"上，火山和地震等现象都非常频繁。在菲律宾，共有 22 座活火山。马荣火山是菲律宾 22 座活火山之一，历史上有记载的喷发共 47 次，第一次记录上的喷发是 1616 年，上一次（2006 年之前）喷发是 2001 年 6 月的温和性喷发，最近一次的喷发是 2009 年 12 月。最具毁灭性的火山爆发是发生在 1814 年 2 月 1 日，熔岩流掩埋了马荣城，造成 1200 人死亡，马荣肆虐之后，

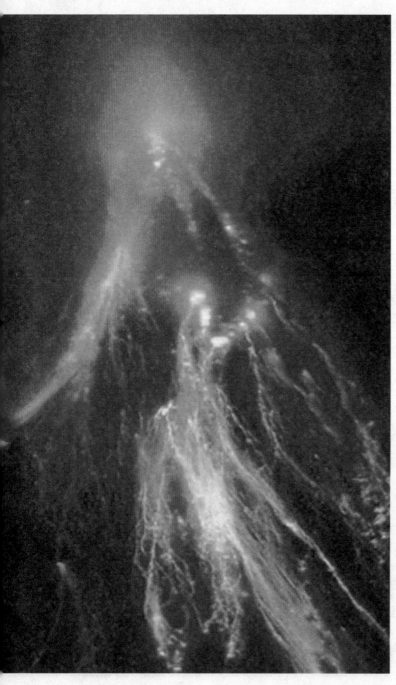

仅剩市中心的钟楼，在熔岩覆盖之下的新地表露出头。1993 年的爆发夺走了 77 条人命，然而 1984 年，由于菲律宾火山研究学会的建议，政府事先疏散了 73000 居民，所以没有发现任何伤亡。

世界上最著名的活火山之一菲律宾马荣火山近期又开始活跃起来，喷出大量的火山灰和岩浆。科学家认为，马荣火山可能正处于大规模爆发前夕。马荣火山的爆发对当地居民和游客构成了极大的威胁，当地政府要求数万人紧急撤离到安全地区。

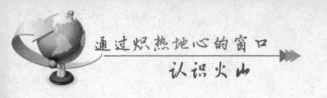
埃特纳火山

埃特纳火山位于意大利南部的西西里岛，海拔高度 3315 米，是意大利著名的活火山，也是欧洲最大的火山。其下部是一个巨大的盾形火山，上部为 300 米高的火山渣锥，说明在其活动历史上喷发方式发生了变化。由于埃特纳火山处在几组断裂的交汇部位，一直活动频繁，是有史记载以来喷发历史最为悠久的火山，其喷发史可以上溯到公元前 1500 年，到目前为止已喷发过 200 多次。近年来埃特纳火山一直处于活动状态，距火山几公里远就能看到火山上不断喷出的气体呈黄色和白色的烟雾状，并伴有蒸气喷发的爆炸声。

粗看起来埃特纳火山与一般的山峰没什么两样，因其海拔较高，山顶还有不少积雪，仔细看就会发现，地下的火山灰就象铺了一层厚

厚的炉渣，凝固的熔岩随处可见。站在火山之巅；人们能感觉到脚下的火山正在微微地颤抖，那感觉很

奇妙，好象随着火山的脉搏一起跳动，这就是典型的火山性震颤。据当地火山监测站人员观测发现，每日午后两点左右火山震颤达到最高峰。埃特纳山上还不时地发出沉闷的声响，那是气体喷出的声音。火山的热度通过地表传到游人脚上，

只觉得脚底也是温热的。在火山口的侧壁上，还可以清楚地看见一个直径约两、三米的大圆洞，形状很

规则，就象是人为挖的洞一样，里面还不时地逸出气体。山上遍布各种大小的喷气孔，硫质气味很浓，喷气孔旁边常有淡黄色的硫磺沉淀下来。山顶上还分布着几条大裂缝，宽约 20 ～ 50 厘米，可能是地下岩浆上隆时地表发生变形造成的。这些现象都说明埃特纳火山的活动性是很强的。一阵风吹来，火山喷出的有毒气体就迅速弥漫开来，只觉得一阵浓浓的硫磺味飘过，浓烟很快包裹了山上的一切，呛得游人胸闷、窒息。

意大利的火山活动频繁，相应地，其监测研究水平在世界上也处于前列，仅西西里岛就有 4 个火山监测站，离火山 4000 米远的地方设有录像系统，数据通过无线方式传输到中心台站，每天监测人员都要进行数据处理、分析，严密监视 3 个火山口的活动情况。由于是通过遥控的办法，避免了火山随时喷发给监测人员带来的危险。

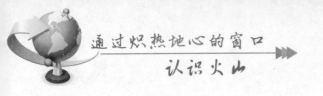
维苏威火山

相信很多人会知道，维苏威火山是意大利乃至全世界最著名的火山之一。海拔高 1277 米，位于那不勒斯市东南、意大利坎帕尼牙的西海岸（北纬 40 度 49 分，东经 14 度 26 分），此外还设有世界上最大的火山观测点。维苏威火山在历史上曾多次喷发，最为著名的一次是公元 79 年的大规模喷发，灼热的火山碎屑流毁灭了当时极为繁华的拥有 2 万人口的庞贝古城，其它几个有名的海滨城市如赫库兰尼姆、斯塔比亚等也遭到严重破坏。直到十八世纪中叶，考古学家才把庞贝古城从数米厚的火山灰中挖掘出来，那些古老的建筑和姿态各异的尸体都完好地保存着，这一史实已为世人熟知，庞贝古城至今仍是意大利著名的游览圣地。最为有趣的是，据记载，1944 年维苏威火山再次喷发，从火山顶部的中心部位流出熔岩，喷出的火山砾和火山渣高出山顶

约 200～500 米，火山爆发的奇妙景观使得正在山下激战的同盟国军队与纳粹士兵停止了战斗，成千上万的士兵跑去观看这一大自然的奇观。在过去的 500 年里，维苏威火山多次爆发，熔岩、火山灰、碎屑流、泥石流和致命气体夺去的生命不计其数。

从高空俯瞰维苏威火山的全貌，会发现它是一个漂亮的近圆形的火山口，这正是公元 79 年那次大喷发形成的。维苏威山并不太高，走在火山渣上面脚底下还会发出沙沙的声音。由于维苏威火山一直很活跃，因此后期形成的新火山上植被一直没有长出，看起来有点秃，而早期喷发形成的位于新火山外围的苏玛山上已有了稀疏的树木。火山口边缘有铁栏杆围着，可以防止游人发生意外。站在火口缘上可以看清整个火山口的情况，火口深约 100 多米，由黄、红褐色的固结熔岩和火山渣组成。从熔岩和火山灰的堆积

情况还可看出，维苏威火山经历了多次喷发，熔岩和火山灰经常交替出现。尽管自 1944 年以来维苏威火

山没再出现喷发活动，但平时维苏威火山仍不时地有喷气现象，说明火山并未"死去"，只是处于休眠状态。维苏威火山何时再张开它的"大口"呢？

位于火山附近的古色古香的维苏威火山观测站建于1845年，是世界上最早建立的火山观测站，里面的设施非常现代化，一楼大厅里有展板介绍有关火山的知识，三台触摸式电脑可模拟显示火山的喷发过程。观测站的一楼和地下一层还建有火山博物馆，陈列着各种形状的火山弹、火山灰等火山喷发物。玻璃柜中还展示着从庞贝古城挖掘出来的"石化人"，尽管已看不清他或她的面貌，但样子栩栩如生，都保持着死于当时火山喷发时的姿势。意大利的火山喷发多，民众的防灾意识较强，维苏威火山观测站起到了很好的宣传作用，周末时免费对公众开放，每年光接待师生就达 10 万人次。

给我们留下深刻印象的是活火山周围仍居住着上百万的人口，人们并未因害怕火山危险而远离火山，其实只要我们重视对火山的监测和研究，从而掌握火山活动的规律并完善减灾措施，人类和大自然完全可以和睦相处，火山也可以造福于人类。

在古代传说中，维苏威火山是一座截顶的锥状火山。火山口周围是长满野生植物的陡壁悬崖，岩壁的一处有缺口。火山口的底部不长草木，是一块较平的地方。火山锥的外缘山坡，覆盖着适合耕作的肥沃土壤，其山脚下有兴盛的赫库兰尼姆和庞贝两座繁荣的城市。维苏威火山在公元前有过多次喷发，但没有详细记载。公元 63 年的一次地震对附近的城市造成了相当大的破坏。从这次地震起直到公元 79 年，常有小地震发生，至公元 79 年 8 月地震逐渐增多，地震强度也越来

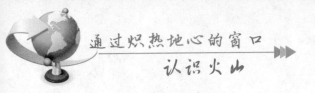
大，发生了火山大爆发。

那次大爆发中，有一股浓烟柱从维苏威火山垂直上升，后来向四面分散，状似蘑菇。在这股乌云里，偶尔有闪电似的火焰穿插，火焰闪过后，就显得比夜晚还黑暗。喷出的火山灰飘扬得很远，赫库兰尼姆城因距火山口较近，被掩埋在70英尺下的火山灰中，个别地方深达112英尺，有些覆盖物或泥流还充填到房屋内部和地下室内。

直到1713年，人们打井时无意打在了被埋没的圆剧场，后来又发现了赫库兰尼姆和庞贝两座城市。但发现的人类骨骼很少，这可能是由于火山大爆发前，频繁的地震使多数城市居民有了充分的逃避时间，并将贵重的、能携带的物品也一齐带走了，但在兵营里发现有两个被锁在木桩上的士兵却未能逃脱。在郊区一座房屋的地下室里，还发现了被埋在火山灰和泥流中的17个人，他们当时可能认为已经找到了安全的避灾之处，后来却被包裹在火山灰和泥流硬化了的凝灰岩中。

第四章 火山知识盘点

古罗马时期，人们不明白火山喷发现象的原因，认为山燃烧的原因是火神武尔卡在发怒，因此火山的英文名称"Volcano"出现了。火山是炽热地心的窗口，有巨大的破坏力，所到之处带来浩劫，想知道全球十大火山灾害是在哪里发生的吗？想知道世界各国的火山公园有怎样的奇幻景象吗？想知道世界上最完美的火山锥在哪里吗？想知道火山爆发前会有什么征兆吗？本章将一一解开你的疑团。

火山锥

火山锥是火山喷出物在喷出口周围堆积而形成的山丘。由于喷出物的性质、多少不同和喷发方式的差异，火山锥具有多种形态和构造。以组成物质划分：有火山碎屑物构成的渣锥；熔岩构成的熔岩锥或称熔岩丘；碎屑物与熔岩混合构成的混合锥。以形态来分：有盾形、穹形、钟状等火山锥。圆锥状的火山锥是标准的火山锥形象。

晚新生代由熔岩或火山碎屑物构成的火山锥地貌，主要集中分布在临朐、昌乐和蓬莱地区，尤以临朐、昌乐保存最多，达30余座。具体可分为：破火山锥、复合火山锥、熔岩锥与寄生火山锥。

（1）破火山锥

火山锥体上的火山口已遭破坏，外轮山体残破不全，平面轮廓如马蹄形，山体外形呈截顶圆锥形。周坡多有火山濑发育。属此类火山的有益都郑母香山、昌乐乔官豹山、临朐柳山、蓬莱北沟的迎口山与大王山。

香山、柳山与豹山形成于中中新世，由致密块状橄榄玄武岩等构成外轮山体，火山口呈漏斗状，规模较大。

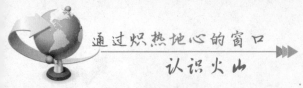

（2）复合火山锥

复合火山锥是指由熔岩与火山碎屑物共同堆积形成的近圆锥状的火山，主要为中心式喷发和熔岩溢流交替作用而成。平面轮廓近圆或椭圆形，外形呈层状锥体，山体大小不等，但顶部很少有明显的火山口。形成时代差异也较大。中新世形成者均分布于昌乐、临朐境内，分布在临朐的朐山、青年山、尧山等。上新世形成者，如蓬莱的西山、赤山、红石山等。第四纪形成者则仅有鲁北平原无棣境内的大山。

临朐山旺附近的尧山，海拔406米，相对高度105～155米，山体呈双顶椭圆锥状。四周火山濑发育。山体上部为橄榄玄武岩、碧玄岩，下部为火山角砾岩、凝灰岩及火山砂层，底部为山旺组粘土质页岩、硅藻土及柴煤层等湖相沉积，表明

香山与柳山火山口内均有第四纪厚层黄土充填，经流水侵蚀沿火山缺口形成冲沟。蓬莱大王山形成于上新世，基底为玄武岩台地，底部为杏黄色、紫红色渣状玄武岩，上部为致密块状橄榄玄武岩。破火山口向北开口，略呈三角状。迎口山约形成于上新世晚期或第四纪早期，基底为胶东群变质岩。外轮山呈近东西向不规则椭圆形，火山口西向开口，呈典型的半圆剧场形，内有全新世薄层黄土状沉积填充。外轮山体底部由火山碎屑物构成，上部为厚层熔渣状玄武岩、集块玄武岩。

火山喷发时为湖沼环境。

无棣大山为山东唯一孤立于冲积平原上的火山锥，海拔63米，相对高度57米，为近浑圆状孤丘。火山碎屑物堆积于其南坡，其中尚夹

岩堆积形成的圆锥状山体。集中分布于临朐—昌乐火山活动区，大小近30座。为中新世晚期火山活动的产物。火山锥体由致密块状玄武岩构成，山体中心部位的熔岩，棱柱

有被烘烤的黄土。山北坡为火山集块熔岩与霞石苦橄岩等。山体现已遭人为破坏。

（3）熔岩锥

熔岩锥基本为中心式溢出的熔

状节理极为发育，产状多样。山体多无火山口，平面轮廓近圆及椭圆形，外形如钟状、缓丘状及平顶锥体。

钟状熔岩锥海拔较高，约330~450米，相对高度大于150米。山坡坡度

30°～40°，山体完整。以昌乐北岩海拔360米的乔山为代表，其他有临朐山旺附近的灵山、擦马山、黄山、苍山和大纪山，昌乐乔官黄山、北展的南黄山等。

缓丘状熔岩锥一般山体规模小，海拔小于250米，相对高度小于100米。山坡坡度15°～25°。如昌乐乔官的团山子、北岩的二姑山、鞋山，以及安丘夏坡团山子等。

平顶熔岩锥高度与规模介于钟状与缓丘状熔岩锥之间。山体呈锥状，但顶部缓平。海拔200～300米间，相对高度100米左右。山坡坡度20°～30°。如昌乐北岩的卧虎山、桃花山、荆山、临朐上林的马山、龙条山等。

（4）寄生火山锥

在熔岩火山锥主体形成后，由于后期火山再活动，在主体火山锥坡上形成更小的火山锥，被称为寄生火山锥。仅见于苍山北坡及大纪山北坡。

世界最完美的火山锥

马荣火山是菲律宾最大的活华山，呈圆锥形，像一个巨大三角形蜡烛座耸立在椰林和稻田中间，绮丽、壮观，被人们誉为"世界上最完美的火山锥"。

传说古代此地有一个女子，容貌美丽，心地善良，为救父亲而牺牲了自己的生命。人们被其孝心所感动，为她修建了一座大坟墓，后来竟长成高峰，外形很像日本的富士山，又常有白云缭绕，显得格外端庄。山的上半部几乎没有树木，下半部长出一片片茂密的森林，有的地方从山上一直到山脚下都可以看到火山喷发时流出的痕迹。马荣火山至今仍时常冒烟。

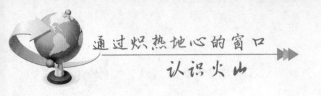
火山灾难

（1）公元79年意大利维苏威火山喷发

公元79年8月24日下午，意大利的维苏威火山突然喷发，这也是历史上最为著名的火山喷发之一。整整持续了一周时间的火山，像玻璃一样的熔岩碎片、石块、晶体和灰尘从天而降，将位于那不勒斯湾的庞培、赫库兰尼姆、斯塔比亚等古罗马城市掩埋，至少造成3360人死亡，死亡总数可能达到1.6万人。遇难者中包括罗马历史学家老普林尼——当时的他痴迷地观察着这一壮观的自然现象，最终未能逃离险地。

由于留在三座城市的火山灰厚度惊人，它们的废墟直到1748年才被人发现。1961年，人们在火山灰掩埋下的遇难者尸骨孔洞内灌注石膏，以此呈现这些被封闭在石块和泥土中长达19个世纪的不幸者死前最后的挣扎模样。

（2）1586年印度尼西亚克鲁特火山喷发

克鲁特火山位于印度尼西亚爪

将一个火山湖喷入附近山谷，导致5500人溺水身亡。从1926年开始，工程人员挖地道排水，以阻止发生类似灾难。

哇岛东部，在过去的1000年共喷发了30多次，发生于1586年的喷发共造成1万人死亡；1919年的喷发

（3）1783年冰岛拉基火山喷发

1783年的冰岛拉基火山喷发形成有史以来规模最大的熔岩流，当

时一条约 26 千米长的裂缝让一条快速流动的绳状熔岩流的"旅程"超过 64 千米。拉基火山喷出的熔岩数量高达 12 立方千米，覆盖了约 564 平方千米的区域。此次喷发断断续续，前后历时 4 个月。

火山喷出的氟气以氢氟酸形式降落到冰岛地面，导致大量牲畜死亡。据统计，当时有一半的马和牛以及四分之三的羊死于氢氟酸。由于出现大饥荒，整个社会处于一片混乱之中，抢劫行为日益猖獗，最终有四分之一的冰岛人死于饥饿。

被喷射的二氧化硫气体弥漫到更远的地区，整个欧洲被厚厚的雾气笼罩，霾则肆无忌惮地在地面降落，致使数千人死于高温。炎热的夏季过后，随之而来就是漫长而寒冷的冬季。北半球大部分地区的温度较往常低 4℃～9℃。西伯利亚和阿拉斯加经历了 500 年来最冷的夏季，农作物大

量减产，可怕的饥荒在所有地区肆虐。由于拉基火山喷发，冰岛共有大约9300人丧命，全世界死亡人数可能是这一数字的10倍或者更多。

（4）1792年和1991年日本云仙火山喷发

日本九州岛的云仙火山距离长崎东部大约40千米。1792年喷发后1个月，这个火山群的"老成员"Mayuyama火山斜坡倒塌，由此产生的塌方成为岛原市的噩梦。

滑落的山体坠入海洋，引发海啸。塌方和海啸共造成超过15000人送命，这是日本历史上最为严重的火山灾难。在岛原市，我们仍可以看到塌方给这片土地造成的伤痕。1991年，云仙火山再次喷发，当时的火山灰流以每小时201千米的速度冲下斜坡。火山爆发的灾害导致了严重的环境破坏，再加上由岩浆和泥石流引起了严重伤亡，使整个地区成了一片废墟。

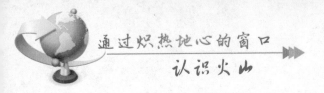

（5）1815 年印度尼西亚塔姆波拉火山喷发

塔姆波拉火山位于印度尼西亚爪哇岛东部，1815 年 4 月喷发，是有历史记载以来最为猛烈的火山喷发。由于这次喷发，塔姆波拉火山的高度骤然之间下降约 1250 米，厚厚的火山灰杀死附近岛屿的农作物，大约有 92000 万人因缺少食物而被饿死。

火山喷发的粉末状岩石超过 150 立方千米，所形成的火山云至少让全球温度降低 5 华氏度。这种影响持续了一年多时间，一些欧洲人和北美人将 1816 年称之为"没有夏天的一年"。持续的饥荒导致大量无辜人丧命。

（6）1883 年印度尼西亚喀拉喀托火山喷发

喀拉喀托火山位于印度尼西亚爪哇岛西部和苏门答腊岛东部的巽他海峡，于 1883 年 8 月喷发，其产生的能量是规模最大的氢弹试验的 26 倍。喀拉喀托火山山体崩塌后坠

入海洋，产生高达 30 米的海浪，巨大的海浪淹没了数百个村庄，致使超过 36000 万人丧生。更为可怕的是，

海浪虽然不断减弱，但还是席卷整个世界。

火山喷发后 4 小时，4828 千米

外的地方仍可以听见类似重机枪的炮哮声。根据《吉尼斯世界纪录大全》提供的数据，全世界有超过十三分

之一的人听到喀拉喀托火山的怒吼声。喷发过程中，浮石被喷射到55千米的高空，火山灰10天之后才落

到4828千米外的地方。成群的浮石在海上漂浮了几个月，空气中的微粒让全世界的落日变成鲜艳的红色。

（7）1980年美国圣海伦火山喷发

圣海伦火山口于1980年3月开始冒出蒸汽，火山学家知道这座火山已做好喷发准备，但他们并不确定具体喷发时间。当时，官员们关闭了附近向公众开放的国家森林，但包括旅游点业主哈里·杜鲁门在内的一些人表示，他们宁愿留下来。其他人，例如火山学家大卫·约翰斯顿，则留在距离火山足够远的相对安全的观测点。

美国太平洋时间5月18日上午8点32分，圣海伦火山开始喷发，除了从火山口喷射出蒸汽和尘土外，山顶也被整整削去了396米。圣海伦火山的一个侧面由满身裂缝的风化岩石构成，由于喷发导致岩石松动，最终形成大规模塌方并产生致命的粉末状岩石云，致使57人丧命，其中绝大多数人死于窒息。喷发过

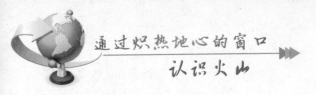

程中，火山灰流入湖水和河流，形成可怕的火山泥流，咆哮着冲向附近山谷，为所到之处带来浩劫。

（8）1985年哥伦比亚内华达德鲁兹火山喷发

位于哥伦比亚的内华达德鲁兹火山被积雪覆盖，于1985年11月13日喷发。炙热的火山气体和灰尘融化了冰川，并与融化后的水混合在一起。在顺流而下过程中，泥浆不断"捕获"沿途的泥土和岩石，体积和密度持续增加。泥石流的厚度最高达到40米，以每小时48千米的速度冲向有人居住的河谷，摧毁了所到之处的一切东西。

阿莫罗市距离火山口74千米，但在火山喷发开始后两个半小时，可怕的泥浆和石块就已经兵临城下。泥石流在短短几分钟内席卷整个阿莫罗，导致四分之三人口丧命。据统计，此次火山喷发造成的死亡人数高达25000万人。

（9）1902年西印度群岛培雷火山喷发

位于西印度马提尼克岛的培雷火山于1902年喷发，灼热的火山云笼罩空中，大量毒气四处蔓延，无数火山灰从斜坡疾速滚下。据悉，当时火山灰以每小时 160 千米的速度席卷圣皮埃尔市，全市百姓要么被烧死，要么窒息而亡，整个过程仅有几分钟时间。

圣皮埃尔市当时有 3 万人口，只有 2 人（也可能是 4 个）活了下来。更为可怕的是，附近 3 座城市无一幸免，停靠在港口的 16 艘船只的船员也同样遭受灭顶之灾。被火山灰烧焦的地方面积达 26 平方千米，共有多达 36000 万人丧生，只有 30 人幸免于难。这些幸运儿当时身在法兰西堡，与灼热的火山云所到之处的人相比，他们的运气显然要好得多。

（10）1991 年菲律宾皮纳图博火山喷发

菲律宾的皮纳图博火山于 1991 年 6 月喷发，共喷射出大约 5 立方千米岩浆，并将一个巨大的火山灰云喷射到 32 千米的高空，也就是平流层。此次火山喷发的规模是 1980 年圣海伦火山的 10 倍，在 20 世纪所有火山喷发中位居第二位，仅次于 1912 年阿拉斯加州卡特迈火山喷发。据悉，当时有 100 万人的生命安全受到威胁，但优秀的预警系统

最终挽救了数千人的生命。菲律宾政府从最危险的斜坡和山谷撤离了6万人，美国政府则从附近的克拉克空军基地撤离了18000万人。

此次喷发将皮纳图博火山削去了约259米，形成一个直径约24000米的新塌陷破火山口。堆积的火山灰厚度达5厘米，覆盖方圆3884平方千米的区域，农作物惨遭掩埋，房顶则披上一层厚厚的尘衣。雪上加霜的是，当时出现的台风带来的降雨增加了火山灰的重量，台风和山顶倒塌造成的地震最终让屋顶崩塌。据统计，大约有350人死于这场火山灾难，而房屋倒塌正是其死亡的主要原因。

火山公园

火山公园是以观赏火山喷发奇景为主题的特殊游览区。建立于地壳活动带上，往往以景色壮观、富有刺激性而成为著名旅游胜地。如美国夏威夷岛上的国家火山公园，面积890平方千米，以冒纳罗亚和基拉韦厄两座活火山而闻名。基拉韦厄是世界上最活跃的火山，其火山口形成的熔岩湖经常处于沸腾状态，景色奇幻，观赏安全。每当火山爆发，岛上居民和旅游者争先恐后前来观赏；新西兰北岛的汤加里罗火山公园，以层峦叠嶂的群山和地热奇景著称于世；哥斯达黎加的博阿斯火山是世界上最大的喷泉火山，是圣约瑟附近最著名的火山游览区之一。

以下是世界上最著名的火山公园：

（1）夏威夷火山国家公园

美国夏威夷火山国家公园坐落在美国夏威夷岛东南沿岸的火山区上。该地区年降水量大约有2500毫米，生长有热带蕨类树林。1961年被辟为国家公园，1980年成为联合国教科文组织生物圈保护区，1987年被列入世界遗产名录。面积有22万英亩。

夏威夷火山国家公园自然以其火山为最重要看点。岛上有五座火山，其中的两座位于公园内：莫纳

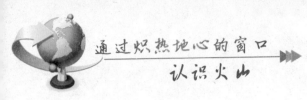
罗亚火山和基拉韦厄火山。这两座火山都是世界上最为活跃的活火山。基拉韦厄火山海拔 1219 米以上，且仍在增长中；它位于莫纳罗亚火山的东南侧，莫纳罗亚火山年代更久远，体型也更大。

莫纳罗亚火山：莫纳罗亚，意思是"绵长的高山"，高出太平洋洋面 4169 米。莫纳罗亚展露在地上的部分包含许多山峰，而它的真实尺寸却是十分惊人的。它的山基位于太平洋洋面以下 5486 米深处，总高度比珠穆朗玛峰还高出 610 米。作为世界上体积最大的山体，其体积约是雷尼尔山的 100 倍。

基拉韦厄火山：岛上第二大火山是基拉韦厄火山。该山高约 3300米。拉韦厄火山也经常被人们称作"免下车的火山"，因为可以轻松抵达它的山顶。它有一个长 3.2 千米、宽 4 千米的火山口，环绕在上百米高的赤裸崖壁中间，令人望而生畏。

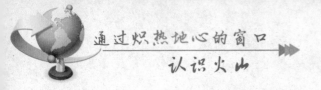
对于公园内的这两座火山，其火山口的喷发相对来说危害性不大。这些喷发活动会预先发出比较准确的前兆，并且由于景致壮观，通常会有数千人事先等候在火山口附近，争睹它的容颜。

除火山外，夏威夷火山国家公园内还有热带鸟类、雉、鹌鹑等，但较多的动物是狐猿、野山羊、野猪。公园内各种热带作物生长茂盛，热带雨林的主要树种有桉树、棕榈和松木等，也有不少经济林木如橡胶、可可树和椰树等。此外还生长着经

济价值很高的其他热带植物，有甘蔗、菠萝、香蕉、番石榴等，产量异常丰富。

（2）新西兰汤加里罗国家公园

根据文化风景修改标准，汤加里罗于 1993 年成为第一个被列入世界遗产目录的地方。地处公园中心的群山对毛利人具有文化和宗教意义，象征着毛利人社会与外界环境的精神联系。公园里有活火山、死活山和不同层次的生态系统以及非常美丽的风景。

汤加里罗公园位于新西兰北岛中央的罗托鲁瓦——陶波地热区南端，占地约 4000 平方千米，是新西兰国家公园。汤加里罗公园是一个独具特色的火山公园，公园里有 15 个火山口，其中包括 3 个著名的活火山：汤加里罗、恩奥鲁霍艾、鲁阿佩

胡火山。这里峦叠嶂的群山以及火山活动的奇景，吸引着世界各地的游客。恩奥鲁霍艾火山口海约2300米，烟雾腾腾，常年不息。鲁阿佩胡山海拔约2800米，是北岛的最高点，公园内设有架空滑车，可接近

相传，"阿拉瓦"号独木舟首领恩加图鲁伊兰吉曾率领毛利人移居这里，在攀登顶峰时，遭遇风暴，生命垂危，他向神求救，神把滚滚热流送到山顶，使他复苏，热流经过之地就成了热田，这股风暴名叫汤加里罗，

山顶。从山顶远眺，可看见方圆百里内的绚丽风光。汤加里罗火山海拔约1980米，峰顶宽广，包括北口、南口、中口、西口、红口等一系列火山口。这里原来归毛利族部落所有，毛利人视汤加里罗火山为圣地。

此山因而得名。1887年毛利人为了维护山区的神圣，不让欧洲人把山分片出售，就以这3座火山为中心，把半径大约1.6千米内的地区献给国家，作为国家公园。1894年新西兰政府将这3座火山连同周围地区

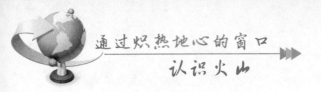

正式辟为公园，定名汤加里罗公园。

汤加里罗公园里呈现一片火山园林风光，由火山灰铺成的银灰色大道蜿蜒在山间，峰顶白雪皑皑，十分壮观。苍翠的天然森林环抱着层峦叠嶂的群山和绿草茵茵繁花似锦的草原，那绿波荡漾的湖泊，犹如中国杭州的西湖，湖中有岛，岛中有湖，加上人工点缀，婀娜多姿。

汤加里罗公园的 15 个火山口，火山活动的奇景千姿百态、各不相同，每游一处，都有耳目一新之感。远眺沸泉，只见热气蒸腾、烟笼雾绕。走近时，可见沸流高喷、呼呼作响，水柱在灿烂的阳光下闪烁着奇光异彩，游人仿佛置身于仙山琼阁之中。冬天，游人也可以跳入热泉天然游泳池中畅游，并且会有一种沁人肺腑的舒适之感。

汤加里罗公园里，地上喷气孔密布，游人可以用几根木条，架成"地热蒸笼"，进行野餐，生马铃薯甚至生牛羊肉，都可以蒸熟。公园内为游客服务的旅馆、商店，都注意利用当地的地热资源，打一口几十米深井，可采出 100℃ 多度的蒸气，用于取暖和其他生活用热。

汤加里罗公园里，还栖息着新西兰特有的国鸟"几维"鸟。它是新西兰的象征，国徽和硬币均用它做标记。园内还种了从中国移植的猕猴桃，取名"几维果"，是新西兰一种重要的出

2900 多米，拥有目前世界上最大的活火山口，直径达 1600 米，内有上下两个湖。上面的湖水清澈透亮，环抱于各种绿色植物之中。下面的湖水有大量火成岩物质，含酸量很高。由于火山的活动，湖中喷出一阵阵白色气体，发出巨大的沸腾声，接着掀起 100 多米高的巨大水柱，形成世界上最大的间歇泉。随着气温变化和火山活动情况，湖水颜色变幻不定，有时呈蓝色，有时呈灰色。据说是由于火山口底部有小的喷发活动造成的。

博阿斯火山于 1910 年首次爆发，1952—1954 年，又间歇地喷发数次。博阿斯火山现已建成公园，有世界上最大最高的火山喷泉。气温或湿度的细微变化，会使喷火口喷射蒸气，雾气朦胧，像给博阿斯火山戴上了一顶"云雾之冠"，使火山充满了神秘的气息。在深达 300 米的蓝色火山湖周围，是茂密的热带植物，对地理学研究有很大价值。

口商品，汤加里罗公园还是新西兰登山、滑雪和旅游胜地。

（3）哥斯达黎加博阿斯火山公园

火山是哥斯达黎加的一大生态旅游景观，哥斯达黎加的国徽上有三座火山，分别代表了伊拉苏火山、博阿斯火山和阿雷纳尔火山。博阿斯火山位于首都圣何塞东南部 57000 米，位于中央谷地的西北部，海拔

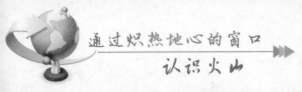

（4）卢旺达的火山公园

美丽的非洲大草原，在遥远的地质年代里，曾经有过强烈的火山活动。现在的卢旺达自然保护区，就有许多沉寂的死火山，在那里默默无闻地留下它们早已熄灭了的火山口。它们已经被原始森林所覆盖，原始森林掩盖了曾经有过的辉煌。火山的奇观虽然成了过去，而火山口里孕育的珍稀动物又使它有了另一种的辉煌。

卢旺达自然保护区又名火山公园，位于该国西北地区。与刚果（金）为邻。面积约140平方千米。附近有卡里辛比火山，海拔4507米。这里地处热带，降水量丰富，山地发育有大片原始森林，并有众多的热带动物大象、白犀牛、河马、野牛、狒狒、猩猩等。其中山猩猩是该公园内保存的濒于绝种的珍稀动物。山猩猩公者身高2米，体重200千克。牙尖、头大、颊宽，动作敏捷，喜过集体生活，常以3至20只为一群体。白天出来寻食，夜晚在搭筑的巢穴内过夜。它们能在树上架巢，母、幼猩猩居树上巢穴，公猩猩则居树下巢穴。山猩猩性情温顺，游人在向导陪同下，可与它们握手。但仅存 170 多只。联合国曾拨专款对其大力保护。

因为有了珍稀的山猩猩，这座并没有火山喷发的火山公园也就更加出名了。

（5）云南腾冲的火山地质公园

云南腾中火山地质公园以古火山地质遗迹及相伴生的地热泉为特色，位于云南省西南部的腾冲和梁河县境内。公园内有 97 座火山体。其中火山形态保存完整有火山口、火山锥的有 25 座，火山锥类型多样。公园内有数级熔岩台地，主要有环火山口熔岩台地、环火山锥熔岩台地和裂隙溢出的熔岩台地，面积大、坡度平缓。腾冲火山熔岩构造景观主要有熔岩空洞、熔岩塌陷、熔岩流动和原生节理构造；火山碎屑岩可见熔集块岩、熔角砾岩和熔结凝灰岩。火山弹引人注目，主要有火山弹、火山角砾、火山灰、浮石、

火山渣。其中火山弹形状各异，主要有纺锤状、面包状、麻花状。各种类型的火山锥、火山口、熔岩台地、熔岩流堰塞湖泊等火山地貌十分显目，构成壮丽的火山旅游景观。这些火山形成于距今约 340 万年到 1 万间的上新世至全新世，其中距今约 1 万年左右形成的火山共 4 座。较早形成的火山熔岩由于遭受长期强烈风化，火山锥体大多破坏，仅保存 6 座仍能见穹丘地貌或火山山体的火山。部分是休眠火山。腾冲火山地热国家地质公园位于阿尔卑斯－喜马拉雅特提斯构造带东段的腾冲变质地体内，印度板块与欧亚板块两个大陆板

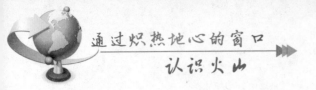
块陆－陆碰撞对接带东侧，以发育断裂构造、年青的火山活动和强烈的地热显示为其特征。

　　（6）漳州滨海火山国家地质公园

　　漳州滨海火山国家地质公园位于福建省漳州市漳浦县、龙海县滨海地带，总占地面积318.64平方千米，主要地质遗迹类型为火山地质地貌。　公园为西太平洋新生代火山岩带的重要组成部分，在地质构造上属欧亚板块东缘裂陷带，由2600万年至700万年间火山喷发的玄武岩构成了典型的火山地质地貌景观。其喷发次序清楚，火山口典型且保存完好，有罕见的无根喷气口群、气孔柱群及由140万根巨型六边形玄武岩柱组成的柱状节理群，有各种海蚀地貌和多处优质沙滩，还有8000年前的古森林炭化木层等，是一处极为宝贵的火山地质遗迹，对研究西太平洋火山岩带发育历史上有重要的科学价值，同时是旅游观

光、度假和科学普及的重要基地。

南碇岛，这真是一座令人不可思议的火山岛，在我们的脚下、周围，以及所能看到的地方，除了石头柱子还是石头柱子。据专家们的初步测算，巴掌大的小岛至少有140万根玄武岩石柱，如此密集，巨大的玄武岩石柱群可谓世所罕见。与漳州火山其他地方所见决然不同的是，南碇岛全是清一色的柱状玄武岩，这里的柱状玄武岩极其单一、纯净，没有任何其他成份的岩石混入。南碇岛的玄武岩石柱大致成阶梯形向悬崖处分布。最为可观的是，岛上

大片大片的悬崖峭壁全是由一排排高高悬挂的玄武岩石柱组成。漳州火山地貌大多属于多次火山喷发，而离海岸最远的南碇岛很可能来自于一次最强劲的火山喷发。

漳州滨海火山公园地处太平洋西岸，是新生代火山岩带的重要组成部分，在地质构造上属欧亚板块东缘裂陷带，由距今2600～700万年间火山喷发的玄武岩构成了典型的火山地质地貌景观。漳州滨海火山地质公园以龙海市隆教古火山口为主要景观，是目前世界上少数完整的椭圆形海底古火山口，潮涨即

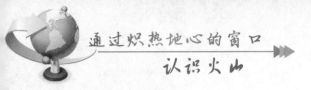

隐，潮落即现。地质专家考证认为，该古火山口至少发生过三次大爆发。火山口周围灰色、暗紫色、紫灰色玄武岩，形态各异。其火山喷发序次清楚，火山口典型且保存完好，有罕见的无根喷气口群、气孔柱群；由140万根巨型六边形玄武岩柱组成的柱状节理群——堪称"海底兵马俑"；海蚀熔岩洞和多处优质沙滩以及古森林炭化木层等，是一处极为宝贵的火山地质遗迹，对研究西太平洋火山岩带发育历史有重要的科学价值。

牛头山古火山口是漳州滨海火山国家地质公园的重要景区。位于龙海市隆教畲族乡白塘村东南。牛头山古火山口，以喷发机理完整，层次清楚，保存完整而闻名国内外，历经15次喷发，总厚度为178.5米，现可看到的第三世中段上部的最后三次喷发物，距今2460万年，古火山口形状似一个朝天的椭圆形喇叭口，开口处顶端直径50米，底部深3米，潮涨水淹，潮退口现。在古火山口及周围0.7平方千米的范围内，火山颈、火山口、喷发相、溢处相等火山活动的形迹十分完整和清晰，地表上由岩浆形成的六方柱状节理玄武岩，以及西瓜状，流纹状，枕状节理玄武岩，呈奇特壮丽的景观，被地质学家誉为"中外罕见的古火山博物馆"和"形象生动的海上兵马俑",是世界罕见保存最为完好的海底古火山,具有重要的科研价值、观赏价值和化学物理磁疗价值,专家们称之为"具有垄断性、特色鲜明的旅游资源"。站在大自然鬼斧神工铸就的古火山口上,眼观洪波涌起、惊涛拍岸的大海,心灵会深受震撼。

(7)海口火山口公园——世界经典火山口公园

火山口公园位于琼山市西部石山镇,离海口市约20千米,园内及附近有距今27000年至100万年间火山爆发所形成的死火山口群。其中最大者海拔222.2米,深90米,是世界上保存最完整的死火山口之一。因形似马鞍,又名马鞍岭,是琼北地区至高点。周围还有几十个小的死火山口或死火山眼。地下有火山岩洞群,是火山喷发的产物,被地质专家誉为颇具规模的火山岩洞博物馆。其中仙人、卧龙二洞最为壮观,虽未开发,但可以进入参观。仙人洞距马鞍岭火山口4000米,洞口玄武岩上有"石室仙踪"石刻引人注目,该洞中又有洞,人们在50年代清理洞中泥沙时,发现类似斧凿的磨光石器,可能曾经是人类祖先穴居的遗址。卧龙洞距仙人洞不到1000米,洞长3000米,高7米,宽10米,可容纳万人。火山口公园为中国"96世界旅游日"(海南)主会场,现已按照火山岩浆流向修建了登山道。公园以马鞍岭为主体,环山口游览小道设5个观景台和多项配套设施,另装夜灯,日夜可游。附近有荔湾酒乡、

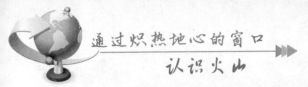

七星山约在70万年前开始喷发，顶部原有一喷火口（为破火山口地形），但在火山喷发结束后被侵蚀成七个大小不一的山头，如同北斗七星而得名。

七星山的东南侧与西北侧有断层切过，因此产生温泉、喷气孔等地形景观。由于喷出的熔岩和碎屑岩层层堆叠，而形成锥形的山体，陡峭的独立山头，是锥状火山最明显的特征。位于七星山西南方不远的纱帽山为一圆形火山丘，状似乌纱帽而得名，因形成时的岩浆比较黏稠，流动性小，慢慢地形成造形圆滑优美的钟状火山，为七星山的寄生火山。

世外洞天等著名餐饮点，可品尝风味独特的石山羊宴。

（8）台北七星山森林公园

七星山海拔1120米，位于台湾北部的阳明山国家公园辖区内，行政区为台北市北投区，是台北市最高的山岳。七星山为一锥状火山，地理上属于大屯火山汇，峰顶置有一等三角点，山顶视野宽阔，能将整个大台北地区一览无遗。

火山岛

火山岛是由海底火山喷发物堆积而成的。在环太平洋地区分布较广，著名的火山岛群有阿留申群岛、夏威夷群岛等。

火山岛按其属性分为两种，一种是大洋火山岛，它与大陆地质构造没有联系；另一种是大陆架或大陆坡海域的火山岛，它与大陆地质构造有联系，但又与大陆岛不尽相同，属大陆岛屿大洋岛之间的过渡类型。

我国的火山岛较少，总数不过百十个左右，主要分布在台湾岛周围，在渤海海峡、东海陆架边缘和南海陆坡阶地仅有零星分布。台湾海峡中的澎

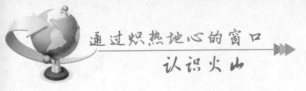
湖列岛（花屿等几个岛屿除外）是以群岛形式存在的火山岛；台湾岛东部陆坡的绿岛、兰屿、龟山岛，北部的彭佳屿、棉花屿、花瓶屿，东海的钓鱼岛等岛屿，渤海海峡的大黑山岛，细纱群岛中的高尖石岛等则都是孤立海中的火山岛。它们都是第四纪火山喷发而成，形成这些火山岛的火山现代都已停止喷发。

火山岛形成后，经过漫长的风化剥蚀，岛上岩石破碎并逐步土壤化，因而火山岛上可生长多种动植物。但因成岛时间、面积大小、物质组成和自然条件的差别，火山岛的自然条件也不尽相同。澎湖列岛上土地瘠薄，常年狂风怒吼，植被稀少，岛上景色单调。绿岛上地势高峻，气候宜人，树木花草布满山野，景象多姿多彩。

超级火山

超级火山是指能够引发极大规模爆发的火山。虽然对于爆发规模没有严谨的界定，但极大规模爆发都以瞬间改变地形，瞬间改变全球天气及全球性的生命灾难。其名字源于英国广播公司的著名科学节目地平线在 2000 年提及各类型爆发规模时节目监制的创作。

假如发生了超级火山爆发，火山灰和喷出的气体将会进入大气层中，造成全球性的火山冬天。英国有科学家用计算机做过模拟试验，如果黄石公园超级火山爆发，3～4 天后，大量的火山灰就会跨过大洋到达欧洲大陆。模拟预示了美国 3/4 国土将受到影响。最大的危险在方圆 1000 千米的地区内，这里 90% 的人口无法幸免于难。大部分人会因为吸进的火山灰在肺里固化而死亡。美国的东海岸也会覆盖 1 厘米厚的火山灰。

在欧洲，危害是无法预测的，因为火山灰形成的粉尘会到处飘荡。更大的影响是紧接而至的气温变冷。根据计算机的预测，地球年平均气温会下降 10 摄氏度左右，北极地区会下降 12 摄氏度左右。专家预测这样的寒冷气候会持续 6 到 10 年，然后才能逐渐恢复正常。

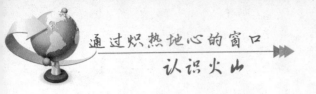

火山爆发征兆

　　火山爆发前几个月就有很多征兆，根据国内外的经验，可以通过如下方法来判断：

　　（1）频繁地震

　　火山爆发前常有微震，火山岩外壳出现破裂，火山震动有所增加，表明火山接近喷发。地震仪能够监测到，因此国外一般在活动火山的周围均设有地震站。如圣海伦斯火山周围有 13 个、夏威夷基拉韦亚火山周围有 47 个、印尼默拉皮火山周围设 6 个。如圣海伦斯火山在 1980 年 5 月大爆发前曾监测到每天 3 级地震达 30 次之多，苏弗里埃尔火山在 1978 年 4 月大爆发前，可感地震每小时达 15 次。

　　火山活动的过程常造成许多微小地震，大爆发更能引起强烈地

178

震。地震的发生也常导致火山活动，1999 年纪录的 27 起火山活动，有 14 期出现在土耳其大地震以后短短的两个多月内。地球内部因物质运动而引起岩石层的破裂是产生火山和地震的根本原因；天文因素如日月的引潮力等也对地震起到一定作用，但根本的动力仍是地球内部能量的积累。

火山爆发和地震是一对孪生兄弟，1999 年 8～10 月是大地震频发的时期，火山活动也激增，全球共发生火山爆发 17 起。

（2）地质、地形变化

由于火山爆发前，地下岩浆的活动剧烈，产生地应力，使地质地形有所改变，出现地裂、塌陷、位移等。火山喷发几个月前就有征兆，因为在突然喷发以前，岩浆会从下面向外挤压，在火山的一侧产生一个可看得见的圆丘。小的火山岩喷发会使圆丘增加隆起程度，使它更不稳定，直到最后发生崩溃，产生巨大爆炸释放压力。但是它什么时候将突然爆发，很难准确预测。

例如，阿拉斯加卡特迈火山于 1912 年爆发前，其周围甚至远距十几千米以外，突然出现许多地裂缝或塌陷，或冒出气体，喷出灰沙。1978 年吉布提阿法尔三角区的阿尔杜科巴火山爆发前，突然出现高达百米的突起。1979 年圣海伦斯火山爆发前，在其北坡出现一个圆丘。到 1980 年，圆丘的高度迅速增长，最快时，每天增高 45 厘米，终于在当年 5 月 18 日就从这个圆丘突破，发生大爆发。但在冰岛克拉夫拉火山于 1980 年 10 月爆发前，地面却发生沉降，也与岩浆运移有关。

（3）地温、气温、水温升高

火山爆发前，由于岩浆活动，导致附近的地温、气温、水温升高、冰雪融化。地下水温会比平时要高，或出现异常。许多高大的火山常年处于雪线以上，如果火山上的冰雪融化，预示着将要爆发。如圣海伦斯、科托帕克希、鲁伊斯等火山均有此现象，融化的雪水甚至造成泥石流或山洪爆发。

（4）气味异常

在火山爆发以前，岩浆早就在地下大量聚集，并且向地表迫近。这时岩浆中的气体和水蒸气有一部分先行飘散出来，在这些气味中，有硫磺的蒸气和许多含硫的气体，因此，人们通常可以嗅到难闻的气味。因此，国外经常在火山附近取气体样品分析，如果不正常的气体增加，表示火山爆发前某些火山气体已"先行"了。

（5）动物异常

和地震之前的情况相比，有些动物会出现烦燥不安、逃跑狂叫、失控、攻击人、集体迁移、死亡等异常现象。飞鸟惊慌，可能不辨方向自撞树木而死。特别是临近火山爆发，飘散出来的气体和水蒸气更多。由于这些气体是有毒的，同时，岩浆温度很高，它在地下聚集的时候，使那里的表土的温度升高，这些都会使那些敏感的动物不能适应，因而他们就逃走了。有的抵抗力弱的动物还会因中毒而死亡。

许多国家的动物学家都认为，动物的反常现象确实是一些灾难的先兆。火山爆发或地震，都是一次巨大的能量释放，在爆发前，地磁、地电、地温、地下水、大气等，都会发生各种变化，由于动物的某些感觉十分灵敏，从而导致了它们行为的异常。

（6）水质异常

火山爆发是地壳能量的积聚与爆发，与地下水密切相关，必然首先对水质、鱼类、海洋动物产生直接影响。地下变化鱼先知，如深海鱼游向浅水区，某区域发现奇特的鱼群或特殊未见过的鱼或其他深海动物。栖于地中和水下的动物突然出现或死亡，以及海洋盐度改变，鱼族游向异常等。

（7）电磁异常

火山爆发跟地震一样会产生较强的地磁变化和电磁辐射，导致地球内部的磁场结构产生变化。许多科学观测资料也充分表明了火山爆发的电性特征，在火山喷发前后观测到地磁、地电的异常变化。如：在伊豆大岛火山喷发的前几年，开始出现地磁场的异常变化，喷发时，总磁场强度发生了急剧变化（由于一切磁场都是由变化的电场引起的，所以磁场的变化即标志着电场的变化）。在横跨中心火山喷火口的测量路线上，用直流电法进行重复地电阻率测量发现，在火山喷发前大约一年开始出现异常，在火山喷发前三个月异常达到极大值。

（8）火山灰

1985 年，鲁伊斯火山喷发时，喷入空中的火山灰度高度达到 8000 米。灾难来临的征兆是火山灰雨点般地降落到阿尔梅罗的街上。当黑暗降临时，湍急的泥石流从火山上奔泻而下，山溪与河流迅速漫流。

（9）仪表测定

虽然人类的感觉器官不如某些动物灵敏，但是我们可以用精密的仪表来进行观测。所以，外国专家将特制的温度计放到地下去测量土

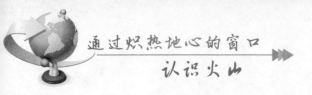

地温度的变化；经常采取空气样品，来化验分析它的成分；还用一种能敏锐的察觉重力变化的仪器，用于收集岩浆是不是在地下大量聚集的信息，如果地下的岩浆增多，那里的重力就会加大。在火山爆发前地下常发出的响声，也可以用科学仪器探测出来。

（10）声波变化

这是新西兰科学家新近发现的预报火山灾害的新方法。

2001年9月，新西兰籍科学家宣布，他们发现了一种预报火山灾害的新方法，即利用地球地心内部发生的声波，分析地壳裂缝形成的方向，以此预报火山爆发的准确时间。

这些新西兰籍科学家从新西兰鲁阿佩胡火山最近两次的大规模爆发中，收集了大量的科学数据，发现火山爆发前后，地球地心内部发生的声波呈现出有规律的变化，这些声波是地表之下的岩石层断裂所形成的。在火山爆发之前，地壳通常会出现裂缝，人类只要密切观察那些裂缝形成的方向，就能够提前预报火山灾害发生的准确时间。不过，科学家又指出，在收集到更多的相关资料之前，这种预报火山灾害的新方法只能作为各种预报技术的一部分。

（11）隆隆的响声

由于岩浆和气体膨胀，尚未冲出火山口时的响声，会预告喷发即将来临。

火山专业术语

（1）火山泥流

　　火山泥流，英文名是"Lahar"，原为印度尼西亚语，指的是在火山斜坡上生成的泥流和岩石碎块流。火山泥流是一种水、粘土、砂和岩石碎块的混合物，其中岩石碎块的

尺寸大小不一，最大可达几十米。它不是普通的水流，也不是普通的泥流，在它的密度大、粘度高，沿山谷下冲时具有很高的能量和搬运能力。火山泥流高速下冲时可达85千米／小时，高密度火山泥流的形

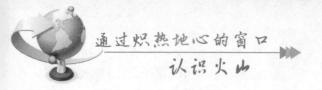

态类似于高速流动的混凝土灰浆。火山泥流能影响到上百公里的下游，破坏力很强，桥梁、建筑物可被火山泥流破坏并搬运到很远的地方。人类和其他生命可能被埋葬或被漂砾击中，也有可能被高温的岩石碎块烧伤。

火山泥流是主要的火山杀手之一。1985 年 11 月 13 日，哥伦比亚的鲁伊斯火山爆发，在几个小时后火山泥流毁灭了在距火山长达几十千米远的阿尔梅罗城，超过 23000 人因火山泥流而丧生。

火山泥流发生的条件有两点：碎屑和水。碎屑一般来源于火山锥上松散的火山灰、火山浮岩、火山碎屑、火山砾、火山块、火山弹及破碎的熔岩等。另外火山喷发或地震引起的山崩也可成为碎屑的来源。引发火山泥流的水可以来自火山喷发导致的火山口湖的崩溃或高山冰雪融化。强烈的降雨也可能导致火山泥流的发生。

（2）火山碎屑

火山碎屑是火山喷出的岩浆冷凝碎屑以及火山通道内和四壁岩石碎屑。火山碎屑按大小分为大于鸡蛋的火山块，小于鸡蛋的火山砾，小于黄豆的火山砂和颗粒极细小的火山灰；按形状分为：纺锤形、条带形或扭动形状的火山弹，扁平的熔岩饼，丝状的火山毛；按内部结构分为：内部多孔、颜色较浅的浮石，泡沫，内部多孔、颜色黑、褐的火山碴。被喷射到空中的火山碎屑，粗重的落在火山口附近，轻而小的或被风吹到几百千米以外沉降，或上升到平流层随大气环流。火山喷发时灼热的火山灰流与水（火山区暴雨、附近的河流湖泊等）混合则形成密度较大的火山泥流。火山灰流和泥流都带有灾害性。

（3）火山碎屑流

火山碎屑流是火山专业术语，其英文名为 Pyroclastic Flow。"pyroclastic" 一词起源于希腊语

"pyro"（火）和"klastos"（碎块），用来描述火山爆炸后形成的岩石火岩浆碎块。火山碎屑流是气体和碎屑的混合物。它不是水流，而是一种夹杂着岩石碎屑的、高密度的、高温的、高速的气流，常紧贴地面横扫而过。火山碎屑流温度可达1500℃，速度可达每小时160～241千米，它能击碎和烧毁在它流经路径上的任何生命和财物。火山碎屑流起因于火山爆炸式喷发或熔岩穹丘的崩塌。火山碎屑流是主要的火山杀手之一，具有极大的破坏性和致命性。由于其速度很快，因而很难躲避。

知识小百科

火山之最

最古老的火山——在瑞典北部卡尔斯别尔格附近，遗迹距今约20亿年。

最大的活火山——夏威夷的摩那芳火山。熔岩流覆盖面积5180多平方千米，火山口底部有10.36平方千米，深152.4～182.9米。

最大的海底火山——在美国加利福尼亚州太平洋外海4550米深处，火山口宽10000米。

最大的喷泉火山——哥斯达黎加首都附近的帕里火山。火山口直径1600多米，喷出的沸泉高762米。

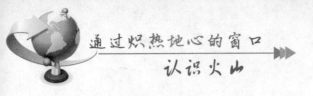
最大的海底活火山群——复活节岛西北方约 965 千米的一个区域，有 110 多座火山。

最小的火山——在莱索托境内，高仅 200 厘米。

最活跃的火山——萨尔瓦多的伊萨利科火山。每隔两三分钟就向外喷射蒸气、岩浆和火山灰。

最高的死火山——阿根廷的阿空加瓜火山，海拔 6964 米。

最高的休眠火山——阿根廷西北部和智利间的尤耶亚科火山，高 6723 米。

最高的暂休火山——阿根廷奥霍斯－德萨拉多火山，海拔 6885 米。它的顶峰下 6499.9 米处有一冒热气的小火山口，也是最高的活火山。

最大的火山口——印尼苏门答腊岛中北部托巴火山口，占地 1774.15 平方千米。

最长的火山熔岩流——冰岛东南部拉基火山喷发时形成，全长 70 千米。

最长的史前熔岩流——形成于约 1500 万年前的北美洲罗扎卡熔岩流，长 482.79 千米。

最大的火山带——环太平洋火山带。近 400 多年中爆发的活火山有 500 多座。

最大的一次火山爆发——1883 年 8 月 27 日印尼苏门答腊、爪哇岛之间的巽他海峡喀拉喀托火山爆发。激起的海浪一直涌到英吉利海峡，喷发物抛到 54716 米高空，致使约 1 万艘船沉没，163 个村庄被毁、36380 人丧生。

火山最集中的地方——印尼巽他群岛，有 95 座。